墨菲定律

徐 谦 编著

辽海出版社

图书在版编目（CIP）数据

墨菲定律 / 徐谦编著 . —沈阳：辽海出版社，
2019.1
ISBN 978-7-5451-5246-3

Ⅰ . ①墨… Ⅱ . ①徐… Ⅲ . ①成功心理—研究 Ⅳ .
① B848.4

中国版本图书馆 CIP 数据核字（2019）第 028983 号

墨菲定律

责任编辑：柳海松
责任校对：顾　季
装帧设计：廖　海
开　　本：630mm×910mm
印　　张：14
字　　数：188 千字
出版时间：2019 年 3 月第 1 版
印刷时间：2019 年 8 月第 2 次印刷

出版者：辽海出版社
印刷者：北京一鑫印务有限责任公司

ISBN 978-7-5451-5246-3　　　　　定　　价：68.00 元

✱ 前 言 ✱

　　世界是纷繁复杂的，很多事情我们虽然习以为常，但并不了解其真相，我们需要用一些理论来揭示事物运行的逻辑规律，推演命运发展的因果关系。我们更需要用一些理论来指导我们的生活和工作，以使我们的生活更加美好，工作更加顺利。

　　世界上有许多神奇的人生定律、法则、效应，运用这些神奇的理论，我们能洞悉世事，解释人生的诸多现象，更重要的是，这些理论能指导我们如何去做，如何去改变我们的命运。不管你是否知道这些定律法则，这些法则和定律都在起着决定性的作用——只是我们很少去关注它们。古今中外，那些伟大的成功者，都深谙这些法则与定律的奥妙所在。无论我们是谁，无论我们从事什么职业，我们都需要知道这些法则和定律。

　　为什么很多人感觉自己工作很尽力，却没有达到预期的效果或者收效甚微？这个问题可以用二八法则来解释：通常我们所做的工作80%都是无用功，只有20%是产生收效的。如何避免这种情况的发生？二八法则告诉我们，要把主要精力放在20%的工作上，让其产生80%的收效。

　　此外，我们还可以用奥卡姆剃刀定律来分析和解决这个问题。奥卡姆剃刀定律认为，在我们做过的事情中，可能绝大部分是毫无意义的，真正有效的活动只是其中的一小部分，而它们通常隐含于繁杂的事物中。找到关键的部分，去掉多余的活动，成功就由复杂变得简单了。

　　为什么很多人情绪低迷，毫无斗志，乃至平庸一生？这个问题可以用马蝇效应来解释和解决。马蝇效应认为，没有马蝇叮咬，马就会慢慢腾腾，走走停停；如果有马蝇叮咬，马就不敢怠慢，跑得飞快。也就是说，人是需要一根鞭子的，只有被不停地抽打，才不会松懈，才会努力拼搏，不断进步。这根鞭子是压力，是挫折和困难，是危机意识。这一解释不仅适用于个人，同样也适用于企业管理。

为什么同样的两件商品放在一起，一件标价100元，另一件标价1000元，反而1000元的那件商品畅销？这个问题可以用凡勃伦效应来解释。凡勃伦效应认为，一件商品的价格定得越高，就越能受到消费者的注意与青睐。其实，消费者购买这类商品的目的，并不仅仅是为了获得直接的物质满足和享受，更大程度上是为了获得心理上的满足。凡勃伦效应同时告诉我们：不要被事物的外表所蒙蔽，要警惕事物的华而不实，防止花费与收益出现严重偏差。

为什么算命先生有时说得那么准？难道他们真的有未卜先知的能力吗？当然不是。这个问题可以用巴纳姆效应来解释：人常常迷失在自我当中，很容易受到周围信息的暗示，并把他人的言行作为自己行动的参照，常常认为一种笼统的、一般性的人格描述十分准确地揭示了自己的特点。也就是说，算命先生所说的话一般是共性的，即这些话对谁说都能有一定的准确性。人在那种特殊的情况下，就会在无形中把被说中的部分扩大了，所以会感觉很准。对此，巴纳姆效应告诉我们：要认识你自己，要相信你自己，树立科学的人生观，才不会被一些骗子所迷惑。

······

本书中共介绍了破窗理论、彼得原理、手表定律、羊群效应、二八法则、木桶定律、凡勃伦效应、蝴蝶效应等最经典的人生定律、法则、效应。在简单地介绍了每个法则或定律的来源和基本理论后，就如何运用其解释人生中的现象并指导我们的工作和生活等进行了重点阐述，是一部可以启迪智慧、改变命运的人生枕边书。

这些定律、法则、效应风靡全世界，无论是做人还是做事，都是成功人士所必知的。只要认真阅读此书，相信你一定会有所收获。你也可以利用这些神奇的法则、定理来驾驭你的一生，它将助你改变命运。

✳ *目　录* ✳

第一章　人性的弱点和优点

皮尔斯定理：意识到无知，是知道的开始

最大的智慧是看到自己的无知

在古希腊雅典的一个神庙里，有一道神谕，说世界上最聪明的人是苏格拉底。而苏格拉底却说："我唯一知道的事，就是我什么也不知道。"之所以说苏格拉底是世界上最聪明的人，是因为他意识到了自己的无知。天下最大的智慧就是能意识到自己的无知。

这个世界上从不缺少妄自尊大的人，却缺少那些真正意识到自己无知的人。越是有智慧的人，越能看到自己的无知。一个自以为无所不知的人，却往往是个真正一无所知的人。

我国古代大思想家孔子曾说："三人行，必有我师焉。"想想看，孔子本身就是一位老师，是一位智者，但他却并不认为自己无所不知，反而谦虚地认为自己还有很多不知道的东西，遇到的人中肯定会有自己的老师。不仅如此，孔子还说要"不耻下问"，意识到自己的无知是进步的起点，要真正取得进步就要靠不耻下问来填补自己的无知。大家都知道孔子一生收了

不少徒弟，却不知他也拜了不少老师，只要他有不懂的问题就立刻向别人请教。也许，正是意识到自己的无知和拥有不耻下问的精神成就了孔子。

美国历史上颇有作为的总统——林肯也是如此。林肯的父亲是一个目不识丁的木匠，母亲是一位平庸的家庭主妇。而林肯却有着超凡的文笔、极强的处理事务和管理的能力。更让人吃惊的是，他一生中进学校的时间还不满一年。那他是如何获得那些学识和能力的呢？原来，林肯从小就能看到自己的无知，无论是农夫、商人、律师还是村儒学究，他都能从其身上学到很多知识和道理。他说："每个人都可能做我的教师。"正是这种态度，让他不断积累知识，让他不断增强能力，最终成为美国的总统。

为人应谦虚。真正的谦虚，是在对自我进行清晰剖析后，意识到自己的无知而流露出来的真实态度，而不是表面上做做样子。只有真正谦虚的人，才会得到别人真诚的建议，促进自己改正不足。

学海无涯，没有人是无所不知的。意识到自己的无知，并没有什么好丢脸的，反而是促进自己弥补无知的前提。无论你的人生追求是什么，雄心壮志是什么，在达成这些之前，首先要把自己做好了。换句话说，只有先把自己做好了，才能达成你的人生追求、雄心壮志。

古语云："修身、齐家、治国、平天下。"把修身放在最前面，就是因为这是以下几项的前提和根本。只有先修好身，才可达到齐家、治国、平天下的目标。修身修什么？首要的就是要意识到自己的不足，然后不断地去完善自己；意识到自己的无知，然后不断地去填补空白。如何修？就是要不断地自省。只有不断地进行自我反省，才能意识到自己的无知与不足。慎独，讲的也是这个道理。

人常说，活到老学到老，学无止境。不要让自大阻挡你前进的步伐。又有言曰："大智若愚。"那些真正有大智慧的人，从不自以为是，而是处处都以"无知"的面目示人，能意识到自己的无知，谦虚待人，不耻下问。

人贵有自知之明

老子云："知人者智，自知者明。"《孙子兵法》中有："知己知彼，百战不殆。"说的都是一个道理：人要懂得看清自己，人贵有自知之明。那些有所作为的人，大多是有自知之明的人。如果你不想虚度自己的人生，就先从看清自己做起吧。

春秋时期，有一段时间越国政治混乱，兵力疲弱。作为"五霸"之一的楚庄王认为，这正是攻打越国的好机会，于是就要出兵讨伐越国。这时，有一个名叫杜子的人前来劝阻。他问楚庄王："大王要攻打越国，为的是什么？"楚庄王答："因为越国现在政治混乱，兵力疲弱！"杜子听后，意味深长地说道："一个人的智慧就好比人的眼睛，能够看清楚很远的地方，却始终无法看见自己的眼睫毛。自从大王的军队被秦国打败，楚国已经丧失了许多的国土，这是兵力疲弱；有人在国内造反，官吏却无法制止，这是政治混乱。目前，楚国兵弱政乱的情况与越国不相上下，而您还要出兵攻打越国，难道您就看不到自己的不足吗？"听了这一席话后，楚庄王立即取消了攻打越国的计划。

有很多人都像楚庄王一样，只看到别人的不足，却看不到自己的缺点。这样是很危险的，不自知的人很可能在战争中送命，在生活工作中失败。所以，无论何时都要谨记中国的那句古训：人贵有自知之明。

有一只乌鸦，看到老鹰总是能抓到羊吃，而自己也一样长着翅膀、尖嘴和爪子，于是它就想自己肯定也能抓到羊吃。可是，当它扑向羊的时候，不但没有抓到羊，还被羊角给扎死了。

不难看出，这只乌鸦犯的就是不自知的错，它并没有清楚地认识到自己和鹰的差别，只是想当然地认为鹰能做到的它也能做到，结果白白地送掉了性命。

其实，人无论在何时，处于何等的高位，都要做到有自知之明。应该说，越是处于高位，越要有自知之明，不要被别人的恭维蒙蔽了神志。

晕轮效应：不要像看"日晕"一样看世界

为什么我们会"爱屋及乌"

中国有句古话叫"爱屋及乌"，意思是如果爱一个人，连他家屋上的乌鸦都会喜爱。要知道，依我国传统文化，乌鸦是"不祥之鸟"，那么，为什么还会有"爱屋及乌"的现象呢？

其实，这就是晕轮效应的典型表现。无论在人际交往，还是认识事物时，人们常从对方所具有的某个特性而泛化到其他有关的一系列特性上，从局部信息形成一个完整的印象，即根据最少量的情况对别人或其他事物做出全面的结论。这实际上是个人主观推断泛化和扩张的结果。在晕轮效应的影响下，一个人或事物的优点或缺点一旦变为光圈被扩大，其缺点或优点也就隐退到光圈的背后，被别人视而不见了。

下面，我们来看看博达列夫实验，亦证明同样的道理。

苏联学者博达列夫曾做过一个有趣的实验：在课堂上，他向两批学生出示同一张照片，告诉第一批学生这是一名罪犯，因杀人而入狱；告诉另一批学生这是一个物理学家，曾得过诺贝尔物理学奖。然后，他要求学生根据其形象描述其可能具有的性格。结果，第一批学生的评价都是贬义的，而第二批几乎全是赞美的。

再有，中国民间有句俗语："情人眼里出西施"，说的是为爱慕之情所迷惑，觉得所爱女子无处不美。黄庭坚的诗"草茅多奇士，蓬荜有秀色。西施逐人眼，称心最相得"，便是由这句古话而来的。情人在相恋的时候，很难找到对方的缺点，认为他（她）的一切都是好的，做的事都是对的，就连别人认为是缺点的地方，在双方看来也是无所谓的。这也是晕轮效应的表现。

心理学家认为，这种效应是由知觉者的情感引起的、对他人的一种主观倾向。由于我们在知觉他人时有一种情感效应，我们对他人的评价就容易出现偏差。这一偏差表现为当某人或某物被我们赋予了一个肯定的、令我们喜欢的特征之后，那么这个人就可能被我们赋予许多其他好的特征。反之，如果某人或某物存在某些不良的特征，那么，我们就会认为他其他的一切都是坏的。后者被称为"坏光环效应"，也被形象地叫做"扫帚星效应"。正所谓"一好百好，一恶百恶"，在生活中，"晕轮效应"与"扫帚星效应"经常发生，这些都是人类一种奇妙的内心反应。

理性人生，辩证对待心中的"光环"

客观上讲，晕轮效应是一把双刃剑，在实际应用中，我们要辩证地对待这顶"光环"。

既然我们知道晕轮效应是一种以偏概全的评价倾向，是个人主观推断泛化和扩张的结果。那么，在实际生活中，我们就要注意在评价自己的时候，要实事求是，考虑全面。当别人称赞你的时候，要保持头脑冷静，知道自己还有不足之处；当别人贬低你的时候，也不要自暴自弃，要知道自己还有可取之处，真实客观地看待自己，避免出现以偏概全而导致的错误。

同时，我们可以利用晕轮效应为自己创造有利条件。下面，我们先来看一下麦哲伦是如何利用晕轮效应成功地获得西班牙国王卡洛尔罗斯的帮助的。

在哥伦布航海成功后，为表明自己与投机者或骗子不同，麦哲伦在觐见国王时特地邀请了当时著名的地理学家路易·帕雷伊洛同往。帕雷伊洛将地球仪摆在国王面前，历数了麦哲伦航海的必要性及种种好处。结果，卡洛尔罗斯国王果然被说服了，麦哲伦成功地得到资助，进行了环绕地球一周的航行。然而，在麦哲伦等人结束航海后，人们发现了他对世界地理的认识及他所计算的经纬度有诸多偏差。

可见，卡洛尔罗斯国王之所以资助麦哲伦，并不是因为麦哲伦本人或帕雷伊洛的劝说内容，只是因为他认为帕雷伊洛作为专家，其建议一定值得信赖。所以，适当地运用晕轮效应，有助于我们积极地发展。

此外，在认识或接触其他人和事物的时候，晕轮效应的负面影响会给人的心理带来很大的障碍。

普希金是俄国著名诗人，当他遇到被公认为"莫斯科第一美人"的娜坦丽时，为她的美丽而心动，以至于疯狂地爱上了她。在普希金眼里，一个漂亮的女人也必然有非凡的智慧和高贵的品格。然而，事实并非如此。他们结婚后，普希金每次把自己的诗读给娜坦丽听时，她总是不耐烦地捂着耳朵说："不听！不听！"相反，她总是要普希金陪她游玩，参加晚会、舞会。普希金为了她放弃了诗歌创作，弄得债台高筑，甚至还为了她与别人决斗而牺牲了生命。

通过普希金的故事，我们要明白，在现实生活中，千万不能让"一俊遮百丑"蒙蔽了我们的双眼和理智。对一个人或事物，不要急于下判断，不要以偏概全，要做全面的了解，避免"晕轮效应"的偏差。

正如著名文学家陀思妥耶夫斯基所言："倘若你想征服全世界，你就得先征服自己。"请辩证地对待我们心中的"光环"，理性地走出精彩的人生！

控制错觉定律：我们总是会"自信地犯错"

彩票真的是自己选就容易中吗

日本有一家保险公司，发了一批头奖500万美元的彩票。然后，每张彩票以1美元的价格卖给自己的职工。其中，一半彩票是买主自己挑选的，另一半彩票则是卖票人挑选的。到了抽奖那天的早晨，公司专门派调查人员找那些买彩票的人，并对他们说自己的朋友想买彩票，希望他们能转让出来。那么，他们会以多高的价格来出售自己的彩票呢？

关于前面的彩票问题，很多朋友会觉得两者的售价肯定不一样。没错，最后的结果是：不是自己挑选彩票的人平均每张彩票的售价是1~96美元，而自己挑选彩票的人平均每张彩票的售价则是8~16美元。原因就在于，自己选彩票的人相信自己的中奖率一定较高。

其实，这就涉及心理学上的控制错觉定律，即对于彩票等非常偶然的事件，人们也以为自己的能力可以支配。但客观上来讲，偶然性的事件是受到概率支配的。比如，你扔硬币1000次，正面和反面的概率一定都非常接近500。但是哪一次是正面，哪一次是背面，是偶然的、不可预测的。

那么，回到最前面买彩票那个例子。实际上，别人给你买和你自己买，从概率上看，中奖的可能性是完全一样的。尽管从理论上人们都应该知道这个道理，可是到了实际操作中，大家往往还是认为自己"精心挑选"的彩票中奖的可能性更高一些。这可能是由于日常生活中的主要行为都能靠我们的努力和训练加以控制，所以就将这种意识错误地推及所有事，包括那些偶然性事件。

再如，我们掷骰子时，胜负完全是偶然的，与自己的技术和能力毫无关系。当有人想掷出"双六"的时候，心中就在想"六、

六、六"，随之口中也小声地唠叨出来，甚至不知不觉地用手逐渐加力捏骰子。可事实上，结果完全是偶然的，与这些附加的动作毫无关系。只是人们潜意识里觉得自己越努力，结果越容易如愿。

心理学家曾做过这样一个实验：他们给大学生一些钱，让他们来做掷骰子的赌博。结果发现，大多数学生都是在掷骰子之前下的赌注大。这是为什么呢？因为学生们都觉得靠自己的努力能使骰子按自己的意愿转动。不过，这根本没有任何逻辑上的依据，只是人们的错觉而已。

了解了控制错觉定律，我们便不难理解：为何赌博游戏会吸引很多人，甚至不少人为此倾家荡产也难以自拔。这些，都需要我们在日常生活中提高警惕。

错觉：该克服时要克服，该运用时要运用

实际生活中，人们很容易产生各种各样的错觉。我国古书《列子》中曾有这样一个有趣的记载：

孔子东游，见两儿辩斗，问其故。一儿曰："我以日始出时去人近，而日中时远也。一儿以日初出远，而日中时近也。"一儿曰："日初出时大如车盖，及日中则如盘盂，此不为远者小而近者大乎？"一儿曰："日初出沧沧凉凉，及其日中如探汤，此不为近者热而远者凉乎？"孔子不能决也。两小儿笑曰："孰谓汝多知乎？"

这里所讲的近如"车盖"，远似"盘盂"，就是错觉现象。简单地说，错觉是指不符合刺激本身特征的错误的知觉经验。它与幻觉或想象不一样，因为它是对应于客观的和可靠的物理刺激的，只是似乎我们的感觉器官在捉弄我们，尽管这样的捉弄自有其道理。再如，飞行员在海上飞行时，海天一色，找不到地标，经验不够丰富者往往因分不清上下方位，产生"倒飞错觉"，造成飞入海中的事故，亦是同理。此外，在一定心理

状态下也会产生错觉，如惶恐不安时的"杯弓蛇影"、惊慌失措时的"草木皆兵"等。

关于错觉产生的原因虽有多种解释，但迄今都没有完全令人满意的答案。客观上，错觉的产生大多是在知觉对象所处的客观环境有了某种变化的情况下发生的；主观上，错觉的产生可能与过去经验、情绪以及各种感觉相互作用等因素有关。

同时，外在因素也会引起我们的错觉。曾有一个实验，有人分别从富裕家庭和贫困家庭挑选 10 个孩子，让他们估计从 1 分到 50 分（美元）硬币的大小。实验发现，来自贫困家庭的孩子比来自富裕家庭的孩子要高估硬币的大小，尤其是 5 分、10 分和 25 分值硬币。而当硬币不在眼前只靠记忆估测或者把硬币换成相同大小的硬纸板时，则高估情况会急速降低。这个实验形象地证实了在不同家庭环境中形成的态度和价值观对知觉有不可忽略的影响力。

不过，错觉虽然奇怪，但不神秘，研究错觉的成因有助于揭示客观世界的规律。

一方面，可以通过控制消除错觉对人类实践活动的不利影响。例如前述的"倒飞错觉"，研究其成因，在训练飞行员时增加相关的训练，便可有助于消除错觉，避免事故的发生。

另一方面，我们还可以利用某些错觉为人类服务。人们能够通过控制错觉来获得期望的效果。建筑师和室内设计师常利用人们的错觉来创造空间中比其自身看起来更大或更小的物体。例如一个较小的房间，如果墙壁涂上浅颜色，在屋中央使用一些较低的沙发、椅子和桌子，房间会看起来更宽敞。美国宇航局为航天项目工作的心理学家们设计的太空舱内部的环境，使之在知觉上产生一种愉快的感觉。电影院和剧场中的布景和光线方向也常被有意地设计，以产生电影和舞台上的错觉。

不值得定律：别样的心态，别样的选择

"值得"与"不值得"，都是心的距离

世界著名指挥家伦纳德·伯恩斯坦，年轻时向美国最有名的作曲家、音乐理论家柯普兰学习作曲，附带学习指挥技巧。可就在作曲方面的造诣炉火纯青的时候，他的指挥才能被当时纽约爱乐乐团指挥发现，他被力荐担任纽约爱乐乐团常任指挥。结果，他一举成名，在近30年的指挥生涯中，几乎成了爱乐乐团的名片。然而，他并不认为自己非常成功，始终受着"我喜欢创作，却在做指挥"矛盾的折磨……

从伯恩斯坦的事例可以看出，在人们的眼中，他是出色的，成功的；但在自己的眼里，他并不是成功的。因为他的大半辈子都活在苦恼和矛盾之中，甚至最后还带着深深的遗憾告别了人世。

这就给予我们一个深深的启示："值得"与"不值得"，距离有多远，就在于我们的内心如何衡量。正如心理学中不值得定律所阐述的那样，一个人如果在做一件自认为不值得做的事情，即使成功，也不觉得有多大的成就感；如果在做自认为值得做的事情，则会认为每一个进展都很有意义。

如今，不少年轻人得到一份工作后，都渴望证实自己的优秀，但因认为简单小事不值得做，从而失去了很多展示自己价值和走向成功的契机。

美国通用电气公司前总裁杰克·韦尔奇曾说：一旦你产生了一个简单而坚定的想法，只要你不停地重复它，终会将之变为现实。年轻人本来就心高气盛，认为自己一开始工作就应该得到重用，就应该得到丰厚的报酬，因此往往会对手头上的琐碎工作不满，动不动就兴起"拂袖而去"的念头。一位先知说过："无知和好高骛远是年轻人最容易犯的错误，也是导致频繁失

败的主要原因。"其实，小事也好，大事也好，都是我们内心价值观的一种判断，我们不妨听听比尔·盖茨的劝告："年轻人，从小事做起吧，不要在日复一日的幻想中浪费年华。"

还有，李嘉诚当初为了开创自己的大事业，离开舅舅的钟表公司独自闯荡。然而，他并不像如今很多年轻人那样浮躁，而是从小事做起，在打工中循序渐进，一点一点地开创事业的新局面，终于，成就了一代富豪的庞大产业。

那么，究竟哪些事值得做呢？通常，这要取决于3个因素。

第一，价值观。一般来说，只有符合我们价值观的事，我们才会满怀热情去做。

第二，现实的处境。同样一份工作，在不同的处境下去做，给我们的感受也是不同的。例如，在一家大公司，如果你最初做的是打杂跑腿的工作，你很可能认为是不值得的。可是，一旦你被提升为领班或部门经理，你就不会这样认为了。

第三，个性和气质。比如，在企业中，让成就欲较强的员工单独或牵头完成具有一定风险和难度的工作，并在其完成时给予及时的肯定和赞扬；让依附欲较强的员工更多地参加到某个团体中共同工作；让权力欲较强的员工担任一个与之能力相适应的主管。同时要加强员工对企业目标的认同感，让员工感觉到自己所做的工作是值得的，这样才能激发员工的热情。

明白了这个道理，做事或做选择时，我们就会理性地对待内心的"值得"与"不值得"。

选择要理性，面对要积极

不值得定律让我们明白：智者，应理性地对待心里的那把尺子，在众多选择中，要认清哪些事情是最重要的、值得做的，然后竭尽全力，把这些值得做的事情做好；反之，那些没有意义、不值得做的事情，干脆不要做。

世界著名编剧家贝尔西蒙的每部剧作都堪称经典，很多人都认为他有着过人的才能或智慧。其实，在写每一个剧本之前，他都会先问自己：若能将这个剧本中每一个角色都表现得淋漓尽致，又保持故事的原则性，那这个剧本究竟会有多好呢？说白了，答案只有3种：一是"很好"，值得花费2年的心血去深入构思创作；二是"还行吧"，但是像鸡肋，没太大意思，不值得耗费太多的精力；最后则是"垃圾、俗套"，根本不值得一写。也正是因为这种做事前认真考虑是否值得做的习惯，贝尔西蒙才能不为不值得做的事浪费时间，从而将有限的精力全部投入值得做的事业中，最终取得成功。

还有，20世纪著名的探险家约翰·戈达德的传奇经历，也是来自一幅他认为值得实践的世界地图。

在约翰8岁生日那天，慈爱的爷爷送给了他一生中最宝贵的财富：一幅被翻得卷了边的世界地图。正是因为这张地图，他的灵魂找到了归宿。

在15岁时，少年约翰·戈达德写了一本励志的自勉书《一生的志愿》。他宏大的愿望令人叹为观止：要去尼罗河、亚马孙河与刚果河探险；驾驭骆驼、野马、大象与鸵鸟；读完柏拉图、亚里士多德与莎士比亚的所有著作；写一本书；谱一首乐曲；为非洲的孩子们筹集100万美元的捐款；拥有一项发明专利……

这本包含了作者127项目标的书，让大部分人看得热血沸腾，可真要说到实践，人们往往会望而却步。可约翰·戈达德不同，他一生的宏愿也像少年时的誓言一样笃定不变。随着这本书的出版，他开始了把梦想变成现实的漫长旅途。尼罗河、乞力马扎罗山……这些梦想的地方一次次在他脚下展开。40年后，年老的他完成了《一生的志愿》中的106个愿望。这本《一生的志愿》成了他"一生的成就"。

所以，在生活中，我们要明确自己的人生目标和价值观，找到我们在社会中的坐标，找到心中的那把标尺，遇到那些"芝麻绿豆"的小事，就没必要大动干戈，以免浪费生命；当遇到了真正值得做的事，就应该像贝尔西蒙和约翰·戈达德那样，坚持下去，尽全力去实现它，只有这样才能取得伟大的成功。

权威效应：人微则言轻，人贵则言重

南朝的刘勰写出《文心雕龙》却无人重视，他请当时的大文学家沈约审阅，沈约不予理睬。后来他装扮成卖书人，将作品送给沈约。沈约阅后评价极高，于是《文心雕龙》成了中国文学评论的经典名著。在我们赞赏刘勰聪慧的同时，也不得不折服于心理学中强大的权威效应。

掀开"机长综合征"的心理学面纱

在航空工业界，有一个现象叫"机长综合征"。说的是在很多事故中，机长所犯的错误都十分明显，但飞行员们没有针对这个错误采取任何行动，最终导致飞行事故。下面这个故事，就是"机长综合征"的一个典型。

一次，著名空军将领乌托尔·恩特要执行一次飞行任务，但他的副驾驶员在飞机起飞前生病了，于是总部临时给他派了一名副驾驶员做替补。和这位传奇的将军同飞，这名替补觉得非常荣幸。在起飞过程中，恩特哼起歌来，并把头一点一点地随着歌曲的节奏打拍子。这个副驾驶员以为恩特是要他把飞机升起来，虽然当时飞机还远远没有达到可以起飞的速度，他还是把操纵杆推了上去。结果飞机的腹部撞到了地上，螺旋桨的一个叶片飞入了恩特的背部，导致他终生截瘫。

事后有人问这位副驾驶员："既然你知道飞机还不能起飞，为什么要把操纵杆推起来呢？"他的回答是："我以为将军要我这么做。"

从心理学角度讲，这个故事反映了社会中普遍存在的一种心理现象——权威效应。也就是说，尽管我们每个人都对身边的人或者对社会有一定的影响力，但影响力的大小有所不同。

一般来说，权威人士容易对其他人产生更大的影响。

例如，某天你眼部不适，到医院就诊，如果其他条件相同，有一位眼科专家和一位刚从医学院毕业的年轻大夫供你选择，相信你一定会选择专家。还有，一篇医学论文是被推荐到联合国的某个组织去报告，还是刊登在普通杂志上，这种反映医学成就的信息，其影响肯定是不同的。

权威对我们的影响力要超出常人，崇尚权威，迷信权威人士成了社会大众的一个普遍特征。社会中大多数处于中下层地位的人，学识有限，心理脆弱，对超出自身生活经验的问题不甚了解，不辨真伪，因而盲目相信所谓权威的意见。他们甚至不在乎"说什么"，只在乎说者本身的权威地位。古往今来的君主枭雄、教主领袖，乃至市井中有号召力之人，他们的号召力往往正是来源于对大众心理的这种控制。

在现实生活中，无论是做人，还是做事，我们都要擦亮双眼，理智思考，不要让权威成为遮盖事实真相的心理面纱。

自信是突围负面"权威效应"的利器

不可否认，"权威效应"有它积极的一面，在日常生活中，积极、上进的"权威效应"是值得提倡的。

例如，树立权威人士做群众的好榜样，有助于形成良好的社会风尚；请权威人士担任形象大使，负责环保、节能、关爱生命、如何急救等有意义的公益宣传，将会在大众心中留下更深刻的印象，从而起到更好的促进作用。

然而，"权威效应"也有其消极、颓废一面。例如，某些虚假、误导的广告，由于聘请了一些权威人士进行代言，造成诸多消费者受骗上当。特别是那些涉及医药用品与医疗服务方面的广告，造成的危害及恶劣影响更大。要知道，从心理学层面讲，对于大众而言，权威人士代言广告的性质属于"证言广告"，大家虽然没有切身去体验，但因为对代言者的推崇和信任，往往会对产品热心追捧，甚至深信不疑。这也是为何人们再三强调，权威人士或名人在代言广告方面，要强化一种责任感和守法意识。

作为普通人，我们应该明白，其实"权威"也是凡人，他们或多或少都会受到时代和自身条件的局限。如果我们不能认识到这一点，而总是跪倒在"权威"的面前，那么我们就永远不会进步。

我们具体应该如何破除"权威效应"的消极圈套呢？

洛德·卢瑟福是英国著名核物理学家，因对元素裂变的研究获得了1908年诺贝尔化学奖。他曾断言："由分裂原子而产生能量，是一种无意义的事情。任何企图从原子蜕变中获取能源的人，都是在空谈妄想。"但数年后，用于发电的原子能就问世了。目前原子能已经成为主要的发电新能源。在法国，原子能的利用率甚至已占各种能源的40%。

在科学大发现的时代——19世纪，当牛顿发现万有引力定律，伦琴发现X射线后，有科学家曾断言：科学的路已走到头了，以后的科学家的任务就是尽量使实验做得更精确一些。但不久，爱因斯坦就发现了"相对论"，为科学界打开了新视野。

与之类似，下面是一个令人深思的真实故事：

一位导师，每天晚饭后都要出去散步，在散步之前，他都要给他的一位学生留三道题，放在桌子上，等学生来解答。

这天这位学生发现老师只给他留了两道题，他很快做完了，又在老师的书中发现了一个折着的小字条，上面写着一道题，题目是："如何用一支圆规和一把没有刻度的尺子来画一个正十七边形？"他开始苦思冥想，到深夜的时候，终于找到了答案。于是次日来见他的导师，导师看到答案后异常地惊讶，因为那道夹在书里的题目是他打算花大力气解决的，是当时数学界的一道难题。这位学生就是高斯。

试想，如果当时高斯知道那是一道当时数学界的难题，也许根本不会那么快找到答案。

所以，我们不要被问题吓倒，不要惧怕权威，更不能盲目地迷信权威。我们应该学会独立思考，用自信心作为突围那些权威名义下的种种圈套的利器。

情绪定律：情绪影响一切

情绪的惊人力量

有个岛上生活着一个未开化的部落。一天，村里发生了一桩杀人案。为了查出罪犯，人们请来了一名巫师。巫师让所有嫌疑分子都喝了"法液"——一种有一定毒性但不致毒死人的液体，并告诉他们，这种"法液"只对杀人凶手起作用，清白的人不会有事。结果，喝了法液的所有嫌疑人，几乎都安然无恙，唯独一人，终日绝望，没过多久便死了。究其原因，我们就要到情绪上找答案了。

你一定有过这样的经历：兴高采烈的时候，看什么都顺眼，做什么都顺手；情绪一落千丈的时候，觉得自己做什么事都不顺心，什么都做得不好。其实，这就是情绪的强大影响力。前面法液缉凶的例子亦是如此，清白的人坚信"法液"不会伤害自己，情绪安然，身体也就无恙；而真正的凶手却由于心存恐惧，认为"法液"对身体伤害很大，情绪低落，终日绝望，自然容易走向死亡。

人常说"世界之大，无奇不有"。没错，德国著名的化学家奥斯特瓦尔德曾因自己的情绪变化，差点儿造成他人与诺贝尔奖擦肩而过的后果。

有一天，德国著名的化学家奥斯特瓦尔德由于牙病，疼痛难忍，情绪很坏。他拿起一位不知名的青年寄来的稿件粗粗看了一下，觉得满纸都是奇谈怪论，顺手就把这篇论文丢进了纸篓。

几天以后，他的牙痛好了，情绪也好多了，那篇论文中的一些奇谈怪论又在他的脑海中闪现。于是，他急忙从纸篓里把它拣出来重读一遍，结果发现这篇论文很有科学价值。他马上给一份科学杂志写信，加以推荐。

后来，这篇论文发表了，并且轰动了学术界。该论文的作者也因此而获得了诺贝尔奖。

想想看，如果奥斯特瓦尔德的情绪没有很快好转，结果恐怕就不言而喻了。

事实上，情绪的好坏与我们自己的心态及想法密不可分，这就是心理学中的情绪定律。一件事，在别人眼中看着是悲哀的，在你眼中也许就是喜乐的，关键是自己怎么想。下面就是一个非常有趣的例子：

有两个秀才一起去赶考，路上他们遇到了一支出殡的队伍。看到那口黑乎乎的棺材，其中一个秀才心里立即"咯噔"一下，凉了半截，心想：完了，真触霉头，赶考的日子居然碰到这个倒霉的棺材。于是，心情一落千丈，走进考场，那个"黑乎乎的棺材"一直挥之不去，结果，文思枯竭，名落孙山。

另一个秀才也同时看到了这个棺材，一开始心里也"咯噔"了一下，但转念一想：棺材，棺材，噢！那就是有"官"又有"财"吗？好，好兆头，看来今天我要红运当头了，一定高中。于是十分兴奋，情绪高涨，走进考场，文思如泉涌，果然一举高中。

可见，面对同一口棺材，两个秀才产生了不同的情绪，进而造成了两种不同的结果。这就是情绪对一个人的巨大影响。

身处世事，人类拥有数百种情绪，它们或泾渭分明，如爱恨对立；或相互渗透，如悲愤、悲痛中有愤恨或愤怒夹杂；或大同小异的情绪彼此混杂，十分微妙。在这些纷繁复杂的情绪面前，语言确实有些苍白无力。不过，只要我们了解了这些情绪，在日常生活中，就可以学着理性地去控制情绪。

不做情绪的奴隶，命运掌握在自己手中

漫漫人生路上，要么是我们驾驭生命，要么是生命驾驭我们，而决定谁是坐骑、谁是骑手的，就是我们的情绪。它就像一把双刃剑，消极不良的情绪可以像敌人一样袭击我们，积极健康的情绪可以像朋友一样帮助我们。

其实，如果能够从根本上改变对一件事的看法，我们的情绪也就会受到很大的影响。

有位老人，她有两个儿子，大儿子是卖雨伞的，小儿子是卖草鞋的。晴天时，她心想：真糟糕，大儿子的雨伞卖不出去了；雨天时，她又想：真糟糕，小儿子的草鞋卖不出去了。所以，老人每天都愁容满面、忧心忡忡。

有一天，邻居告诉她："你换过来想一下不好吗？晴天时，你就想小儿子的草鞋可以卖出去了，不是很开心吗？雨天时，你就想大儿子的雨伞可以卖出去了，是不是也很开心呀？"老人听了这番话，就照着做了。

从此以后，老人每天都很开心，常常笑容满面。

许多时候，我们也和那位老人一样，对于同一现实或情境，从一个角度去看，可能引起消极的情绪体验，陷入心理困境；如果从另一角度看，就可能发现积极意义，从而使消极情绪转化为积极情绪。

要知道，使自己快乐的钥匙不是掌握在别人手中，而是掌握在自己手中。我们郁闷也好，快乐也好，其实都不是由外界原因造成的，而是由我们自己的情绪造成的。所以，我们要做情绪的主人，而不能被情绪左右。正如心理学家所证明的：人不仅仅是消极情绪的放大镜，而且也是积极情绪的制造者，生气郁闷只能是折磨自己。我们应该学会自我调整，这样就可以时常保持积极情绪。

保持积极情绪状态的方法有很多种，包括宽容别人，保持

积极乐观的心态，能接纳自己的情绪变化，善于及时调整自己的不良心态，掌握有效的自我调节的方法等。如果你不慎掉进了河沟，不妨想想也许有一条鱼会游进你的口袋；当你参加一些重要的考试或活动，感到非常紧张时，可以在心里暗暗提醒自己"沉住气，别紧张，胜利一定是属于自己的"，这样自然就会令情绪冷静，信心百倍；当遭遇困难或身陷逆境时，想想"失败乃成功之母"，振作精神，那么，下一步就会走向成功。

心理摆效应：人心也会像钟摆一样

解惑"乐极生悲"

如果直接告诉你，你的心里有个钟摆，你一定不会相信。那么，请你回想，自己的心情是否曾如大海的波涛一样，大起大落？例如，同朋友聚会时热闹得快快乐乐，自己单独一人时又孤寂得冷冷清清；出去玩一场觉得很开心，可回来后又为日常生活的单调枯燥而心烦……这些，都是我们内心向两个极端摆动的现象。

事实就是这样，我们的心理都有十分明显的两极性。有肯定与否定、积极与消极、紧张与轻松、激动与平静、爱与恨、乐与悲、祸与福、赞成与反对等等。

在日常生活中，人们的心理会随着特定背景的心理活动而产生在这些两极之间摆动的现象。范进中举是《儒林外史》中最为精彩、最振聋发聩的篇章，范进的乐极生悲就是典型的心理摆效应的例子。

乡试出榜那天，家里断炊，范进抱着一只母鸡到集上去卖。报喜人来了，邻居寻范进回去打发报喜人，范进不信，被邻居一把拖了回来。范进三两步走进屋里来，见中间报帖已经升挂起来，上写道："捷报贵府老爷范讳进高中广东乡试第七名亚元。京报连登黄甲（金榜）。"范进不看便罢，看了一遍，又念了一遍，自己把两手拍了一下，笑了一声说道："噫！好了！我中了！"说着，往后一跤跌倒，牙关紧咬，不省人事。范进被人唤醒后，哭笑无常，满街疯癫。后来，经他的岳父胡屠户扇了一记耳光，惊醒过来，疯病才见好。

多数人都不解，一个正常的人为什么会产生心理摆效应呢？这主要有如下几个原因：

第一，心理存在着一种起伏现象。这是说，人的心理变化犹如大海的波涛，潮起潮落，经常按照一定的规律变化。而这种变化总是在心理的两极来回摆动，从而产生心理摆效应。

第二，心理摆效应的产生与个人的两极循环人格密切相关。有些人的人格特征总是两极心理状态很明显，一会儿狂喜，一会儿宁静；一会儿激情万丈，一会儿心灰意冷；一会儿快快乐乐，一会儿哭哭啼啼；一会儿爱，一会儿恨等等。这些人特别容易产生心理摆效应。

第三，与环境、角色反差较大有关系。一般来说，环境与角色反差较大的人，心理摆效应易产生；反之，不太容易产生。心理学家认为，人的感情在外界刺激的影响下，具有多度性和两极性的特点。每一种感情具有不同的等级，还有着与之相对立的情感状态，如爱与恨、欢乐与忧愁等。在特定背景的心理活动过程中，感情的等级越高，那么在这种情形下出现的"心理斜坡"就越大，因此也就越容易向相反的情绪状态进行转化。

顺其自然，让心不再摇摆

面对"心理摆效应"给我们带来的不良反应，我们应该如何应对呢？难道就让情绪无情地操控着我们，使心成为一个无休止的钟摆吗？

当然不是！我们应懂得顺其自然，要知道，人生不能总是高潮，生活也不可能永远是低谷。

在现实生活中，我们难免会遇到一些可怕的不幸、灾难或不愿意接受的事实，但是，这些往往是我们无法选择、也不可避免的。对此，明智的应对方案就是默默地接受，从而避免心情陷于低潮。还有另一种方法，也可以帮助你减弱不幸的伤害，那就是，当不幸降临时，不要将其放在心里，予以忽略，予以蔑视，以此来调整心态。

面对不可避免的事实，我们就应该学着做到诗人惠特曼所说的那样："让我们学着像树木一样顺其自然，面对黑夜、风暴、饥饿、意外与挫折。"因为，环境不能决定你是否快乐，你对事情的反应才决定你的心情。

请记住这样一句话：要驱除生命中的黑暗，最好的办法就是使生命充满阳光；要避免混乱，就得追求和谐；要使头脑戒绝错误，就得使头脑充满真知；要远离邪恶，就得多多思索美好可爱的事物；要摆脱一切讨厌和不健康的东西，就必须深思一切怡人和有益健康的事情。因为截然相反的思想不可能同时占据一个人的头脑。做到这一点，你就真正成了自己情绪的主人。

我们一定要懂得消除一些思想上的偏差。人生有聚也有散，生活有乐也有苦。有些人由于希望永远生活在激情、浪漫、刺激等理想的境界之中，因而对缺乏上述因素的平凡生活状态总是心存排斥，他们的心情自然就会因生活场景的变化而大起大落。

我们应该学会体验各种生活状态的不同乐趣。既能在激荡人心的活动中体验激情的热烈奔放，又能在平淡如水的日常生活中享受悠然自得的生活情趣。唯有此，自己才能在生活场景发生较大转换时，避免心理上产生巨大的失落感和消极的情绪。

此外，避免心理的极性摇摆，我们还要做到加强理智对情绪的调控作用。让自己快乐兴奋的生活时空中，保持适度的冷静和清醒。而当自己转入情绪的低谷时，要尽量避免不停地对比和回顾自己情绪高潮时的"激动画面"，隔绝有关刺激源，把注意力转入一些能平和自己心境或振奋自己精神的事情和活动当中去。

情感宣泄定律：请给情感一个宣泄的窗口

由祥林嫂的喋喋不休说开去

鲁迅笔下的祥林嫂，作为《祝福》的主人公，以"喋喋不休地讲述阿毛事件"而为人们所熟知。由于第二个丈夫的死，特别是儿子阿毛的死，祥林嫂的心理处于极度的紊乱状态，正常的精神发展在屡次的灾祸中严重受阻，只有依赖倾诉——反复絮叨她的"阿毛的故事"，来宣泄她那被压抑且痛苦的情感。祥林嫂也是人，这种倾诉，更确切地说是宣泄，完全是创伤心理求得安慰的需要。

仔细想想，我们生活中一反常态的絮叨、歇斯底里，乃至许多失去理智的疯狂举动，不就是因为遭遇灾祸或不顺，对情绪的发泄吗？我们每个人在一生中都会产生数不清的意愿、情绪，但最终能实现、能满足的却并不多，因此也就需要情绪的宣泄。

有人认为，对那些未能实现的意愿、未能满足的情绪，应该千方百计地压抑、克制，不能发泄出来。殊不知，这种做法会产生一种心理上的能量，若不通过其他的途径进行释放，它自身丝毫不会减少，就好像物理学上的"能量守恒定律"。

还有，即使你在压抑、克制阶段意识不到它的存在，但实际上它对你的影响仍然存在，而且一直在找机会真正发泄出去。

王先生是某公司的职员，有段时间经理总是批评他这不对、那不对。自己已经很努力了，可还是被扣上"效率低"的帽子。不过，谁叫人家是领导呢？王先生有怒不敢言，在公司竭力压抑自己，并在心里自我慰藉说"能忍的人情商高"。

可是，每次下班回到家后，王先生总觉得心里堵得慌。于是，他就拿起笔练练字，想通过这种方式平静一下自己。谁料，等他写满一张纸才发现，纸上写的，除了经理的名字外，就是"龌龊""王八蛋"等一类不满和愤恨的话，连他自己都不敢相信。

通过上面王先生的例子，我们可以看出，情绪需要宣泄的时候，光靠自己的克制是解决不了问题的，即使不经意间，它也会向外流露，方式不仅仅局限于祥林嫂的"说"，王先生的"写"也可以，这就像人类的本能一样。

及时疏导，别让坏情绪"决堤"

生活中，难免会发生失败等不顺我们心意的事情。由此所产生的情绪，如同洪水一样，若不及时把它泄出去，就会给我们心理的堤坝造成强大压力。对此，我们不能采用堵的方法，因为随着水位的升高，堵塞只能是暂时的，到一定程度就会造成"决堤"，那时情况就更严重了。

也许你会问："在心理上筑高堤坝不行吗？"要知道，如果这样做，势必使人在心理上与外界日益隔绝，造成精神的忧郁、孤独、苦闷及窒息等不良后果。同时，这股暗流达到一定程度，还是要冲破心理的堤坝，甚至导致精神失常。

从科学上来讲，对于这样的情绪，最好的办法是疏导。霍桑工厂的谈话试验就是很好的例证。

美国芝加哥市郊外的霍桑工厂是一个生产电话交换机的工厂，薪资待遇等各方面条件都相当不错，但工人们仍然愤愤不平，生产状况也不理想。为探求原因，美国国家研究委员会组织了一个由心理学家等多方面专家参与的研究小组，对工厂生产效率与工作物质条件之间的关系进行了研究。

在这一系列试验研究中，有一个是谈话试验。在大约2年多的时间里，心理专家们找工人个别谈话2万余次。在谈话中，专家耐心地听取工人对管理的意见和抱怨，不做任何反驳和训斥，让工人们把不满情绪尽情地宣泄出来。出乎意料的是，这一谈话试验收到了非常好的效果：工厂的工作效率大大提高。

关于这个试验，心理学家分析，工人长期以来对工厂各种管理制度有诸多不满而无处发泄，而专家们通过谈话恰好能让他们将这些不满发泄出来，对情绪起到疏导的作用，从而心情舒畅，干劲倍增，工作效率自然也会大大提高。

再如，中国一些小学为学生开设"情感宣泄"课，让学生走上讲台，讲述自己心中的苦闷、遇到的困惑或者想发泄的事情。这样不仅对学生进行了情绪疏导，为他们提供宣泄的机会，其他同学还可以帮忙想办法、出点子，使学生们在互相帮助中学会如何摆脱苦恼，增进相互间的了解，从而形成融洽的人际关系。

需要注意的是，虽然情绪需要宣泄，但要注意合理性。这就好比我们用高压锅做饭，一方面要将气适当地放掉，另一方面也要保证把饭做好。如果只知道将气泄掉，那么，拿掉整个锅盖就可以达到目的了。然而，这样做却使饭夹生了。因此，情绪宣泄不仅要有建设性，还应该是无害的。

在宣泄的过程中，尽量不要指责别人，而用诉苦的方式，更容易博得别人的理解。也可以找个不影响他人的适当场合，自己大哭一场，或者听音乐，做运动，自言自语，写写日记，养育鱼鸟，种植花木，找心理医生等，都是很好的宣泄方式。

禁果效应：越"禁"越"禁不掉"的心理

"禁果"真的格外甜吗

在古希腊神话中，万神之首宙斯有位侍女叫潘多拉。一次，宙斯派她去传递一个魔盒，并千叮咛万嘱咐不能打开盒子。然而，正是宙斯的告诫，反倒激起她不可遏制的好奇和探究欲望，于是，她不顾一切地打开魔盒，结果，盒子里装有的所有罪恶都跑到了人间。

　　其实，正是宙斯"禁止打开"的命令促使潘多拉将盒子打开，这就是心理学上所说的"禁果效应"。

　　俄罗斯有句著名的谚语说："禁果格外甜。"谈到这个话题，我们就要先从"禁果"说起。它源自《圣经》，指伊甸园"知善恶树"上结的果实。

　　《圣经·创世记》载，上帝为人类始祖亚当和夏娃建了一个乐园，也就是众所周知的伊甸园。上帝让他们两人住在园中，并负责修葺与看管。同时，上帝还特意嘱咐道："园内各样树上的果子你们都能吃，唯独知善恶树上的果子你们不能吃，因为吃了它你们就会死。"亚当和夏娃谨记着上帝的教诲。

　　突然有一天，夏娃没禁得住蛇的诱惑，被神秘的知善恶树上的"禁果"吸引，于是摘下树上的果子，吃了下去。而且，她把果子也给了亚当，亚当也吃了。

　　后来，上帝得知此事，将他们赶出了伊甸园。同时，上帝惩罚了罪魁祸首——蛇，让它用肚子走路；责罚了夏娃，增加她怀胎的痛苦；责罚了亚当，让他终身劳作才能从地里获得粮食。

　　夏娃和亚当为什么要违背上帝的旨意偷吃"禁果"？是因为他们饥饿呢，还是因为他们嘴馋？当然都不是。这个关于人类远祖的故事，暗示了人类的本性中具有根深蒂固的"禁果效应"倾向。

　　在现实生活中，我们常常会遇到这样的情况：越是被禁止的东西或事情，越会引发人们更大的兴趣和关注，使人们充满窥探和尝试的欲望，千方百计通过各种渠道获得或尝试它，即上面所说的"禁果效应"。其实，这种做法与东西本身没有太大的关系，主要是因为"禁"激起了人们情绪中的好奇心理和逆反心理。

　　这种效应存在的心理学依据在于：无法知晓的"神秘"事物，比能接触到的事物对人们有更大的诱惑力，也更能促进和强化人们渴望接近和了解的需求。我们常说的"吊胃口""卖关子"，就是因为人们对信息的完整传达有着一种期待心理，一旦关键信息在接受者心里形成接受空白，这种空白就会对被遮蔽的信息产生强烈的召唤。这种"期待—召唤"结构就是"禁果效应"存在的心理基础。"禁果格外甜"，不过是人们的一种心理表现。

巧妙播种"禁果"，品其甜、避其苦

虽然生活中禁果效应无处不在，但它也是一把双刃剑，既有积极的作用，又有消极的作用。

你也许不知道吧，今天我们生活中司空见惯的蔬菜——土豆，在刚刚被发现时，就是因为被当做禁果，才得到了广泛的推广。

土豆从美洲引进到法国时，很长时间没有得到认可。迷信者把它叫做"鬼苹果"，医生们认为它对健康有害，而农学家则告诉人们，土豆会使土壤变得贫瘠。这些"权威人士"的断言，使土豆成了不受欢迎、稀奇古怪的东西。

著名的法国农学家安端·帕尔曼切在德国当俘虏时，亲自吃过土豆。他尝到了土豆的"甜头"，就想回到法国后，在自己的故乡培植它。可是因为那些"权威人士"的断言，谁也不敢种土豆。

后来他灵机一动，想出了一个办法。他得到国王的许可，在一块出了名的低产田上开始栽培土豆。根据他的要求，要由一支身穿仪仗服装、全副武装的卫队看守这块土地。但只是白天看守，到了晚上，卫队就撤了。

这使人们非常好奇，是什么好东西需要卫队这样煞有介事地看守呢？一定是好东西，才怕别人偷啊。人们这样一想，就猜测土豆一定是非常美味或很有好处的食品，就禁不住想要知道个究竟。于是，他们商量好，到晚上就到那块土地上偷挖土豆，然后种到自己的菜园里去。

结果，土豆得到了很好的推广，而且人们发现这是一种风味独特的食品，没有任何可怕的地方。

正是巧妙运用了禁果效应，激发人们与生俱来的好奇心，帕尔曼切推广土豆的目的才得以实现。

除了像帕尔曼切那样利用禁果效应得到积极效果外，生活中还有不少因"禁果效应"适得其反的例子。

比如，历代统治者经常把他们认为是"诲淫诲盗"的书列入"禁书"之列，如我国的《金瓶梅》和西方的萨特、王尔德、劳伦斯等人的作品。但是，被禁不但没有使这些书销声匿迹，反而使它们名声大噪，使更多的人挖空心思要读到它们，反而扩大了它们的影响。再有，一些家长总是喜欢禁止孩子做这做那，如禁止读不健康的书，不让早恋，不允许玩游戏、网络聊天等。但一味地严厉禁止，反而增加了孩子的好奇心、逆反心理，使他们在两种心态的驱使下甘冒风险去尝试那些也许并不甜的"禁果"，最终使教育走向了反面。

可见，透过禁果效应，一方面，我们可以把某些人不喜欢而又有价值的事物人为地变成禁果，以提高其吸引力；另一方面，我们不要轻易把某些不喜欢或不赞成的事物当成禁果，以免人为地增加其吸引力，适得其反。

情绪转移定律：小心，坏情绪会传染

一场坏情绪的心灵"流感"

生活中，我们的坏心情就像流感一样，如果不加以控制，就会不断蔓延。下面这个有趣的故事，就是很好的证明。

王先生是某私企的总经理，对公司管理非常严格，而且能以身作则，每天都早到迟退。不料，有一天早晨，王先生看报太入迷了，结果出门晚了。他匆匆忙忙地开车，闯了一个红灯，正巧被警察逮到，还被扣了驾驶执照。

本来上班就迟到了，没想到还被扣了驾照，王先生顿时气急败坏。回到办公室，正好碰到项目经理来向他汇报工作。他不带好气地问："上周那个项目敲定没有？"项目经理告诉他还没有。他突然吼道："我已经付给你 7 年薪水了。现在我们终于有一次机会做笔大生意，你却把它弄吹了！如果你不把那个项目争回来，你就别想再踏进公司半步！"

项目经理怀着一肚子不满回到自己的办公室，心想："我为公司卖了 7 年力，你王经理不过是个傀儡。现在，就因为我丢掉了一个项目，就恐吓要解雇我，太过分了！"正巧秘书来找他签字，他马上问秘书："今天早上我给你的那 5 封信打好了没有？"秘书回答说："还没。我……"他立刻冒起火来，指责说："不要找任何借口，我要你赶快打好这些信件。虽然你在这干了 3 年，不表示你会一直被雇佣！"

秘书很愤怒地回到自己的座位，心想："有病啊！3 年来，我一直很努力工作，经常加班，现在就因为我无法同时做两件事，就恐吓要辞退我。太欺负人了！"

秘书下班回家，看到 9 岁的儿子正悠闲地打着游戏，立刻叫起来："我告诉你多少次，要好好学习，赶快给我回到房里去看书！"

儿子回到自己房间，心想："妈妈刚到家就冲我发这么大的火，真过分！"这时，平时他最喜欢的小狗走了过来，可他二话没说就狠狠地踢了小狗一脚："给我滚出去！"

小狗疼得乱窜，发疯似地冲出门，还咬了一个人——那个人正好是从这里路过的王总经理。

不可思议吧，王先生的消极情绪通过漫长的链条，经过不同人物的传导，最后又回来殃及了自己。在心理学中，这种现象被概括为情绪转移定律，指人的不好情绪如果没有得到适当的宣泄，就会转移到其他人和事上，是一种情绪的蔓延现象。

其实，这样的情绪转移现象在生活中并不少见。一个人的不良情绪一旦无法正当发泄和排解，往往会找一个出气筒，把情绪转移到别人的身上，有时甚至是无意识的，自己也很难控制。但无论如何，拿别人撒气是不对的，对别人是不公平的。

中国有句古话叫"己所不欲，勿施于人"，就像我们不希望别人把自己当出气筒一样，我们也应该适当克制自己的情绪，不要把别人当成自己的出气筒。

掌控自己，别把坏心情传染给别人

既然人人都不希望被当做出气筒，那么，遇到不良情绪时，我们该怎么办呢？

答案很简单，我们要学会调整情绪的方法，及时扭转不良情绪，避免它的蔓延。下面，我们看看这样一个例子：

有一天，一位富有的女士开着车来到一家珠宝店，走近柜台，开始挑选钻石项链。这时，一位男士推门走进珠宝店，也过来选珠宝。可是，男士不小心，正好踩到了女士的脚。见男士没有任何道歉的表示，女士愤怒地指责道："长那么大，难道没学过'礼貌'二字吗？"男士见女士发火，便漫不经心地说"对不起，行了吧"，随后还喃喃自语道"真无聊"。女士觉得自己受到了侮辱，就摔门而去，临走还说："没素质！"

莫名其妙地被人踩了一脚，还被人说三道四，女士很生气。谁料，开车回家的路上，又碰巧遇上堵车，女士更加烦躁。"哪来这么多的破车；这些臭司机简直不会开车；那家伙开得那么快，不要命啦；这家伙水平太臭了，怎么学的车？……"女士开始喃喃自语。

刚开动车子没多久，又到了一个交叉路口。她遇上一辆大型卡车，那辆卡车先慢了下来，随后司机伸出头向她示意，让她先过，脸上还带着友好的微笑。

不知怎么，女士一肚子的不快，一下子烟消云散了……

没想到吧，仅仅一次小小的谦让、一个真诚的微笑，就可以给别人带来愉快，让不良的情绪结束蔓延。

生活中，我们要懂得原谅别人。而且，当别人对我们不友好时，不一定是真的对我们有恶意，也许是因为他遇上了生气的事，不知不觉就把气撒到了我们身上。对这样的人，我们也没必要斤斤计较，宽容为怀往往更容易解决问题。

同时，如方岳在诗中所言"不如意事常八九，可与人言无二三"，人在社会中，难免会遇到一些不如意的事情，我们要学会排解不良情绪。

一方面，可以有意识地转移注意焦点。当你遇到挫折，感到苦闷、烦恼，情绪处于低潮时，就暂时抛开眼前的麻烦，不要再去想引起苦闷、烦恼的事，而把注意力转移到自己较感兴趣的活动和话题中去。多回忆自己感到最幸福、最愉快的事，以此来冲淡或忘却烦恼，从而把消极情绪转化为积极情绪。

另一方面，可以自觉地转换环境。如外出散步、旅游参观、调换居住地点等。这样通过新的环境，冲淡、缓解消极的心理情绪。

可见，明智人生需要"不以物喜，不以己悲"的平和。要做到处顺势不倒，处逆境不躁，心静若止水。还要守住一份寂寞，忍耐一份孤独，不随波逐流。自己的情绪，还是要自己做主。

眼不见为净定律：只要看不见，就是干净的

眼不见为净，心不想不烦

俗话说得好："眼不见为净。"当你讨厌的东西没有在你视力范围内时，这些东西所带给你的不快就会消失。

例如，你的饭里有条虫子，如果你没看到的话，你不会认为它不干净；但当你发现时，你会再也吃不下去，而且还会想把已经吃进去的吐出来。有时候，衣服上溅了油渍，没看到的时候，你会认为它是干净的；而如果偶然看到了，就非得把它

洗了才行。每个城市里都有污浊的地方，而如果你没有看到过这些地方，你会认为城市的每个地方都很干净；但一旦你看到了，就再也不会这样认为了。

其实，关于"眼不见为净"这句俗语的由来，还有个相当有趣的故事。

从前，有两个秀才喝酒后在一起抬杠。一个说天下万物水洗为净，另一个却说眼不见才为净。两人争得面红耳赤的，实在是相持不下，便一起去请乡绅判断，并且压了赌注，谁要是输了，就得把自己的一半财产和妻子输给对方。乡绅也认为天下万物水洗为净，因此那位说"眼不见为净"的秀才输了。

那位输了的秀才，愁眉苦脸地回到家里。妻子王氏赶忙来问出了什么事，听了秀才描述的事情经过之后，妻子大哭起来。可王氏是位聪明人，哭过之后，立即就想到了一个解救的办法。于是，她就劝秀才说："相公，你虽把我输给别人，但我走也要走得像个样子。你明天中午去把众乡绅请来吃一顿饭吧！"秀才知道自己对不住妻子，对于妻子的要求半点也不敢马虎。

第二天中午，乡绅一行人都准时出现在那位输了的秀才家里，其中还包括打赌取胜的那位秀才。

入席后，酒过三巡，王氏突然从屋里出来，手里还端着一个马桶。只见她把马桶放在门口，用清水把马桶刷了三遍，又用热水把马桶擦了三遍，最后又用清水把马桶冲了三遍。看到这些，众人皱起了眉头，吃饭的心情霎时低落了许多。但王氏不慌不忙，又用抹布把马桶里外擦了个净，然后带着马桶进了厨房。过了一段时间，该上饭了。只见王氏端着她刚才刷的那个马桶，大摇大摆地出来了，并把马桶放在桌上，打开马桶盖，说："大家请用饭吧！"在座的人都面面相觑，目瞪口呆。不过，往马桶里一瞧，里面竟是热气腾腾的白米饭。那个获胜的秀才突然恍然大悟，说："是我输了。不是水洗为净，而是眼不见为净！"

于是，这个俗语便传开了。

　　试想，假如王氏不把马桶端出来让大家看到的话，只是用碗盛饭出来给客人们，那么他们也不会认为那米饭是不干净的，肯定也会像往常一样吃起饭来。人们就是这样过于相信自己眼睛看到的，而不是去分析事情的真相，而且人们也习惯于自我欺骗。

　　在生活中，常常会听到有人说："管他呢，眼不见为净！"每当听到这句话的时候，一般都是讲这话的人遇到了什么难办或烦心的事。对于不好处理或难以接受的事，我们的第一选择一般都是"眼不见为净"。只要那些让我们不快的人或事不被我们看到，那些难办的或烦心的事好像就不存在了。

　　然而，这却是一种自我欺骗，事实没有半点改变。如果将来你再看到那些事和人时，你将会受到更严重的打击，承受更巨大的痛苦。所以，对于自己，一时的自我安慰是可以的，但是经常性的自我欺骗却是要不得的。

与其自我欺骗，不如大胆面对

　　当不好的事情发生时，我们的第一反应是：这不是真的。先否定这一事件的真实性，然后再慢慢接受它。比如说，钱包不小心丢了，我们就是不愿相信这个事实，总认为它还在某个地方等着我们把它找到。可事实上，它是真的丢了。为什么我们在遇到坏事情时，总是会先否定这个事件的真实性呢？

　　因为我们的内心无法接受这一事件，否定是一种自我保护。我们身体里存在着一种心理保护机制，当我们遇到令我们不快或痛苦的事情时，就会自觉地采取一种完全否定的态度，以减轻心理上的痛苦。而当我们做了不该做的事情时，我们也会用否定的态度来减轻负罪感。比如，年幼的儿童不慎将花瓶或杯子摔破后，知道自己闯了大祸而用双手把眼睛蒙起来，不敢再看已被打破的东西，就如同掩耳盗铃一般。鸵鸟当被敌人追赶而难以逃脱时，就把头埋进沙里。因为危险在眼前，情感上难以承受，把眼睛蒙起来，抹杀已发生的事实，以免除心理上的负罪或痛苦。这种否定存在或已发生的事实的潜意识，正是用自我欺骗的方法来减轻痛苦，以达到自我保护的目的。

在生活中，我们会遇到很多让我们难以忍受的事情。比如自己心爱的人离开了自己，与向往已久的大学失之交臂，努力了许久的工作不被肯定，房子突然发生了火灾，朋友突然出了车祸，自己莫名其妙得了重病等。这样的例子，真是不胜枚举。当这些事情刚发生的时候，为了自我保护，我们的心理机制会自动地采取一种否定的态度，让我们认为这一切都不是真的，都是一场梦，等梦醒了，一切都会好起来的。但是，事实就是事实，不是你告诉自己没发生过，它就不存在了。最终，你还是要去面对。越早地面对，才会使痛苦越小；越是逃避，受到的伤害越大。自我欺骗最终还是解决不了问题的，虽然有时会缓解一些疼痛，但那都是幻象，等到清醒的时候疼痛会加倍。躲在沙子里，敌人也不会放过你，只会让敌人更轻易地抓到你。所以，学会面对吧，不要再沉醉在自己编织的梦里。

虽说"眼不见为净，耳不听为清，心不想不烦"，但这都是一种缓解之法，不是真正的解决之道。那如果看见了，听到了，想起了，怎么办？这种打击是双重的。当坏事发生的时候，当危险降临的时刻，首先要接受现实。没有什么是不可接受的，一切痛苦当你真的敢于接受时，它的疼痛度就会减轻很多，因为你已经做好了心理准备。而如果你只想着逃避，不愿或不敢面对现实，那么现实会对你更加残酷。一切对手都是吃软怕硬的角色，现实也不例外。只要你拿出勇气，敢于面对，那么这世界上就不存在过不去的坎儿。

能获得成功的人，是敢于面对自己惨淡人生的人，是敢于接受一切打击磨难的人，是敢于挑战各种艰难困苦的人。所以，从今天起，不要再骗自己，努力去面对现实吧！

自我宽恕定律：自己的错误总是可以原谅的

我的错误都是别人造成的

曾经很流行这样一个观念——"我的错误都是别人造成的"。其实，很少有人会认为自己是坏人，看到自己的缺点，承认自己的错误。虽说知错能改，善莫大焉，但是在现实生活中，却很少有人敢于承认自己的错误，或从来都不认为是自己犯了错。

例如，在公交车上，一男人踩了一女人的脚，女人很生气地质问他："你干什么呢？踩我脚了，你知不知道？"那男人却说："谁让你把脚放我脚底下的。"从来都不是他的错，都是别人的错。当然这个例子举得有点夸张，但是实际上类似的事真是数不胜数。

当别人指出你的问题时，人们一般不是承认，而是狡辩。先来证明这不是我的错，就怕承担责任和后果。对于自己的行为，自己的过失，人们总能找到的解释理由，而这理由往往又和他人有关，也就是说人们惯于推卸责任而不是承担责任。

在人们的心目中，犯了错就要接受惩罚，为了避免惩罚就先把责任推一边去，或者干脆不承认，也不推诿。有些人，让他认个错，比杀了他还难。这是自尊心太强的缘故，他不容许自己犯错。对自己要求比较高的人，都不会轻易承认自己的错误，因为这样会有损他的形象和自我评价；自卑的人，也不容易承认自己的错误，越是自卑，就越害怕自己犯错，不敢承认自己犯错，因为这样会被别人看不起，自己也会更自卑。人类的这个天性，真是可笑至极。

一个杀了别人全家的犯人，被抓获后，不仅毫无悔改之意，还说："是他们逼我的。都是他们逼我的。如果他们不逼我，我也不会这么做。"一个专抢富人的劫匪，在被抓获时，说："他的钱来路也不干净，我抢他是应该的！"一个盗窃犯被抓后，说：

"谁愿意当小偷，如果不是这个社会不公平，不给我一条活路，我也不至于走到今天。"总之，一切罪行都是有原因的，都是别人造成的，不是我们故意犯的。

还有，自己起晚了迟到了，却说："路上碰着个熟人，非拉我说话。"不小心把别人的杯子撞到了地上，却说："你怎么把杯子放在这么不安全的地方啊？"泼水泼到了人，却说："谁让你站那儿的？"反正，自己总是对的，别人总是错的。也正因如此，才会出现不可开交的争吵，无法解决的矛盾。公说公有理，婆说婆有理，各人都认为自己有理，都看不到别人的理。不懂得互相体谅和宽容，关系只能越闹越僵。

如果说自我保护是人类的天性，自恋是人类的秉性，那么人类就应该在后天多多学习宽容和体谅他人的能力。

错了就是错了，承认也没什么大不了的。只有认识到自己的错误，才能看到自己的不足。只有敢于承认错误，才能获得进步。金无足赤，人无完人。犯了错误不可怕，可怕的是不知错、不认错、不改错。每个人都有自己的优缺点，在看到自己优点的同时也要清楚地认识到自己的缺点，在看到别人缺点的时候也要懂得欣赏别人的优点。

严于律己，宽以待人

人性有个根深蒂固的特点，就是容易发现别人的缺点和错误，却不容易看到自己的不足。比如，上学的时候，考试结束后，老师让自己改自己的错题，往往会少算一两道；而如果让你去挑别人的错误，那么你会连最小的错误都看到。这就是"自己行，别人不行"的态度在作怪。

中国有句古话叫"只许州官放火，不许百姓点灯"，说的正是这个定律。自己犯多大的错都是可以原谅的，而别人犯一丁点儿错就应该受到重重的处罚。对自己和对别人的态度，截然不同。我们往往对自己放纵，对别人严苛。

胡小梅认为自己是个很高尚善良的人，很讨厌那些背地里说人坏话和向领导打小报告的人。但是，她的消息又是最灵通的。每次工作休息之余，她都会向大家爆很多领导和同事的料，当然是在当事人不在场的情况下。而同事们议论领导的话，她有时候也会不小心透露出一些给领导。久而久之，大家发现一直号称最讨厌背地里说人坏话和打小报告的人，却是最经常做这两样事情的人。

人就是这样，不喜欢别人背地里议论自己，却喜欢在背地里议论别人。正所谓："见人之过易，见己之过难。"所以，古人倡导"一日三省吾身"。及时地发现自己的错误，并即时改正。这本来是件简单的事情，但因为能做到的人太少了，所以才显得难能可贵。

现实生活中，很多纷争都是由于我们不肯承认自己的错误，却非得让对方承认错误而引起的。古人云："律己宜带秋风，处事宜带东风。"如果人人能做到这样，那么这世间将少许多纷争。所以，我们要懂得严于律己，宽以待人。这也是中华民族的传统美德。

我们平时不要太与他人计较，也不能太放纵自己。这样我们才能更好地进步，完善自我，与他人的关系也会变得更加和谐融洽。正所谓："以责人之心责己，以恕己之心恕人。"如果能以这样的态度对人对事，那么就能化隔阂为理解，化矛盾为情谊，变错误为机遇，变不足为优势。

《菜根谭》里说："人之过误宜恕，而在己则不可恕；己之困辱宜忍，而在人则不可忍。""责人者，原无过于有过之中，则情平；责己者，求有过于无过之内，则德进。"讲的就是这个道理。对待自己要严苛，对待别人要宽容。对自己过于放纵，只能让自己的惰性越来越大，错误越犯越多；而对别人过于苛刻，只能给自己徒增麻烦和烦恼，让自己越来越不招别人喜欢。所以，面对自我时，要戴上眼镜仔细瞧毛病；而面对别人时，要摘掉眼镜使劲想优点。

自我是一本书，是一个谜，是一个孩子。我们要翻阅它，要猜透它，要教育他。更好地塑造自我，就要看到自己的不足和错误，然后弥补不足改正错误。

虚假同感偏差："以己度人"未必可靠

我们为何会自信地"以己度人"

有这样一则寓言故事，虽然沉重却发人深省：

古时候，在一个寒冷的冬天，有一个木匠一边带着孩子，一边在地主家干活。木匠很卖力，干活干得大汗淋漓，就把自己的衣服一件一件地脱了下来。这时，他突然想到了身边的孩子，生怕孩子也热，也同样把孩子的衣服都给脱掉了。结果，孩子被冻死了。

看罢此故事，有的朋友可能会觉得这个木匠很愚蠢，但是，这种"愚蠢"正是虚假同感偏差的典型表现。人们总是会在不经意间夸大自己意见的正确性，甚至把自己的特性也赋予在他人身上，想象着每个人与自己都是相同的，这样一来，如果自己有疑心，就会认为周围的其他人都是疑心重重。这种虚假同感偏差可以使你通过坚信自己的信念和判断，从而获得自尊和优越感，但是，与此同时，它也可能会像那个愚蠢的木匠一样，给你带来决策和选择的错误。

那么，是什么因素在影响着一个人的虚假同感偏差呢？我们可以从以下五个方面加以考虑：

1.当前的行为或事件对你非常重要的时候

生活中，你或许听到过这样的言论："爱有多深，恨便有多浓。"当一对情侣分手之后，之前的爱意都将转化为瞬时的愤怒或者长久的积怨。如果你作为他们的朋友，其中一方总会在你面前抱怨："那家伙是个狼心狗肺的混蛋！是不是？"他们会坚定地认为你也会和她站在同一个阵营里，并一起和他们同仇敌忾，尽管你心里并不是那么想的。

2. 当你非常确信并坚定自己的观点或意见的时候

对一个问题相当确定的人，自然会倾向于认为别人也持有相同意见，即使受到反驳，也不会轻易悔改。比如，一个高中生特别擅长某类数学应用题，在其他同学看来是困难的题目，他总是能快速形成解题的思路。而如果有哪一次他自己也遇到难题无能为力时，他就会认为其他人肯定也做不出来。即使有的同学解答出来了，他也会认为是错误的。

3. 当你的地位和正常生活受到某种威胁的时候

如果你面临一个重大事件，比如说你的家乡发生了一起重大刑事案件，或者你所在的单位要进行一次大规模的人员调动，你肯定会在心里格外关注这些事件，同时，认为别人也会觉得这事很重要，而且会持有和你一样的观点。其实，无论是家乡，还是单位，那都是"你的"，别人或许只会关心，但不会像你那样如此在乎。

4. 当涉及某种积极的品质或个性的时候

平时，我们总会说"以小人之心度君子之腹"，但是，虚假同感偏差正好相反，是"君子之心度小人之腹"。例如，在公司公开竞聘时，很多人总会在心理暗示："我认为自己入职以来的工作态度和业绩都很优秀，领导和同事们也看在眼里，所以不会有人不选择我的。"其实，我们都知道，无论身处何种环境中，由于性格等原因的差异，不可能每个人都喜欢你，我们也没有理由让每个人都赞同自己。

5. 当你将其他人看成与自己是相似的时候

无论身处何时何地，当人们习惯了自身的生活方式之后，便会把这种习惯看作是理所应当的事情。例如，在科技发达的现代社会，人们在办理公务、生活学习方面越来越依赖于电脑。相隔异地召开视频会议，通过信息平台发布通知，使用电子邮件上交作业，等等。当人们越来越习惯于这种沟通交流方式的时候，如果偶然发现身边还有人没有电子邮箱，写文章的时候还用钢笔和稿纸，便会瞠目结舌。殊不知，只是他们忽略了，并不是每个人都和他们是一样的。

让虚假同感偏差回归原点

有的时候，在确定的场合和事件中，由于虚假理论偏差在起作用，可能会在人际交往中带来一些小小的困扰，但这并不是意味着虚假理论偏差就是一种自私狭隘的坏品质。归根结底，它属于人的一种本能。

既然是本能，就是中性的，没有好坏之分，人类自身也无法避免。但是，人们可以通过认识这种理论，从而正确利用这种定律，使它服务于人，造福于人。

首先，不要先入为主地对他人的观点进行主观臆断。当遇到某些事情需要大家说出观点或想法的时候，尽量先从自身的角度出发，经过深思熟虑，说出最适合自己，也最能代表自己心声的观点。而不要削尖了脑袋去做别人肚子里的蛔虫，猜测他人的想法。试想，如果猜对了，短时间内可能会增加个人的成就感，但其长远结果是，这样的人会因为热衷于追求这种所谓的成就感而变得猜忌他人。而如果猜错了，则会产生心理落差，影响情绪，从而影响到工作学习的效率，得不偿失。更为重要的是，虚假同感偏差只是一种与生俱来的本能，而主观臆断则会使这种本能偏离原先的轨道，将其夸大化。

其次，客观对待并尊重他人的不同观点。我们应该清醒地意识到，每个人的想法都是不同的，你有坚持自己观点的权利，但别人没有认同你所有的观点的义务。了解了虚假同感偏差理论，我们就应该客观地看待自己的观点，宽容地尊重他人的观点。如果能真正做到这一点，那么，即使是战场上的敌我双方也可以成为好兄弟。在战场相遇，只是因为各为其主，但战场上的成败不影响个人的交情。这样，就有助于人们建立沟通和对话渠道，增进相互间的了解，加深彼此的情谊。

最后，要敢于接受他人的反驳。在自然界，存在着生物多样性的现象；在人类这个大群体中，自然也要有思想多元化的现象。无论在什么场合，当两个人甚至几个人的观点针锋相对的时候，要敢于接受，就事论事，不要认为这是所谓的人身攻击，从而产生不必要的冲突。其实，有的时候，出现观点上的反驳反倒是一件好事，一个好的策划方案、一个优秀的电视节目、一个新颖大胆的科学设想，往往是在参与者争论得面红耳赤之后产生的。正所谓"集思广益"，要想出位，就必须允许百家争鸣的局面，一家之言通常情况下都是站不住脚的。所以，正视虚假同感偏差，将他人的反驳看作是对问题的切磋。在工作和学习中，人们需要这种"切磋"。

当人们真正理解了虚假同感偏差，并能够学以致用的时候，这个定律中的"偏差"也就回归到原点了。

周哈里窗理论：人心是一扇"窗"

认识自我的那扇"窗"

人们总会得意地说："世界上最了解我的人，就是我自己！"而实际上呢，我们并非那么了解自己。也许你身边总是有人夸奖你说："你太有趣、太幽默了！""你的头脑太灵活了，总是想到一些新奇有趣的事情！"或者还会有对我们的批评，如："你真的有一点懒惰。""你的脾气有时候不是很好。"当然，这些一定是我们自己不曾发现的问题，我们甚至会觉得朋友们是在说谎，可说的人多了，你就需要仔细想一想，他们说的究竟是对是错？

其实，认识自我应该是一个科学的过程，周哈里窗理论就为我们提供了一个非常好的借鉴。该理论用窗户比喻一个人的心，并将这扇窗户分成四个部分，即分别位于一个窗户的左上部分、右上部分、左下部分、右下部分。它们对人类自我的认知范围和认知程度也各不相同，共同构成了一个完整的"我"。

开放我：左上角那部分窗称为"开放我"，也叫"公共我"，这一部分属于自由活动领域。也就是说，这是自己清楚别人也知道的部分。比如，一个人的性别、外貌、婚否、职业、工作单位、居住地点、能力、爱好、特长、成就等等。这是自我认知的基础部分，自己能够很清楚地意识到，同时，对他人也无须隐瞒。

"开放我"的大小取决于自我心灵开放的程度、个性张扬的程度、人际交往的广度、他人的关注度、开放信息的利害关系等等。"开放我"是自我最基本的信息，也是了解自我、评价自我的基本依据。

盲目我：右上角那部分窗称为"盲目我"，也称"脊背我"，属于盲目领域。这是自己不知道而别人却知道的部分。可以是一些很突出的心理特征，比如有人轻易承诺却转眼间忘得干干净净；也可以是不经意的一些小动作或行为习惯，比如一个得意的或者不耐烦的神态和情绪的流露——自我常常觉察不到这些关于自我的信息，但是别人却心知肚明。

盲目点可能是一个人的优点，也可能是一个人的缺点。由于本人对这个认知领域毫不知觉，当别人将这些盲目点告诉自己时，一般会产生惊讶、怀疑或辩解的情绪反应，尤其当听到的信息与自我认知不相符时。所以，我们有时会听到一些人满脸惊讶地说："啊？是吗？难道我这种性格真的很受大家喜欢吗？我还一直以为大家都喜欢像小华那样的性格类型呢！"

隐藏我：左下角那部分窗称为"隐藏我"，也称为"隐私我"，属于逃避或隐藏领域。这是自己知道而别人不知道的部分。也就是我们经常说的隐私，不愿意透露或不能让人知道的事实或心理。隐藏的内容不一定都是缺点，像身份、往事、疾患、痛苦、窃喜、愧疚、尴尬、欲望、意念等等，都可能成为隐藏我的内容，具体视一个人的性格和心理而定。相比较而言，心理承受能力强的人、隐忍的人、自闭的人、自卑的人、胆怯的人，隐藏我会更多一些。因为他们不愿意让别人把自己看得太透明，或者不敢把自己完全地展示在他人面前。

未知我：右下角那部分窗称为"未知我"，又叫"潜在我"，属于处女领域。这是自己和别人都不知道的地方，有待挖掘和发现。也就是我们通常说的潜能。一般指一个人经过训练和学习后，可能获得的知识和技能，或者在特定的机会里展示出来的才干。潜意识仿佛隐藏在海水下面的冰山，力量巨大却又容易被忽视。充分探索和开发未知我，才能全面深入地认识自我、激励自我、发展自我、超越自我。

总之，了解了周哈里窗的具体内容，我们便可以更客观、更准确地认清自己。

如何客观认识自我

我们经常会说："人贵有自知之明。"但事实上，真正能做到自知的人却寥寥无几。这是由于盲目我和未知我的存在，导致人们虽然每天都与自己相处，但是其实并不是十分了解自己，这便需要借助一些外在的力量来完全认知自己。下面的故事或许会给朋友们一些启示。

一个冬日的午后，小猫咪和妈妈在院子里晒太阳。

小猫咪好奇地问妈妈："人们说的幸福到底是什么呢？"

妈妈说："孩子，幸福就是你的尾巴啊！"

小猫咪听了，马上兴高采烈地转动身子，想要抓住自己的尾巴，却怎么也捉不到。小猫咪满脸沮丧地说道："妈妈，我怎么捉不到幸福呢？"

妈妈笑了："傻孩子，只要你一直往前走，幸福自然就跟着你了！"

原来，幸福从未离开，只是常常被我们忽略了。我们每个人身上都有或多或少地存在一些不能自知的盲点，只有不断地去挖掘未知领域的自我，才能真正拥有"自知之明"。

那么，该从哪些方面入手，去客观地认识自己呢？

第一，从自己与他人的关系认识自己。

与他人的交往，是个人获得自我认识的重要来源。从幼年到成年，我们从简单的家庭关系扩展到外面的友爱关系，进入社会又体验到复杂的人际关系。聪明而善于思考的人能从这些关系中用心向别人学习，获得足够的经验，然后按照自己的需要去规划自己的前途。

第二，从我与事的关系认识自己。

从做事的经验中了解自己。我们可以通过自己所做的事，所取得的成果、成就看到自己身上的优点和缺点。养成反思的习惯，每天反思自己所做的事情，哪里做得比较好，以后要继续保持；哪里做得有欠缺，下次再遇到同样的事情要引以为戒。在反思的过程中，对自己的优点与缺点也有了明确的认识。

第三，从我与自己的关系中认识自我。

这一点很容易，只是做起来有点难。可以从以下几个角度尝试认识自己：首先，自己眼中的我。指自己可以观察到的客观的我，包括身体、容貌、性别、年龄、职业、性格、气质、能力等。其次，别人眼中的我。与别人交往时，从别人对我们的态度、情感反应而感觉到的我。不同关系的人，不同类型的人对自己的反应和评价是不同的，它是个人从多数人对自己的反应中归纳出的认识。最后，自己心中的我。自己对自己的期待，即理想中的我。

补偿作用：弱点也是一种力量源

弱点让我们更努力

优点和弱点都是相对而言的，没有绝对的优点，也没有绝对的弱点。之所以这么说，并不是为了安慰那些正在经受挫折的人们，而是有着科学的依据。

在一系列医学的临床实验中，医生们发现了一个有趣的现象:如果肾病患者摘去了左肾,那么他的右肾往往更具有生命力。在眼睛、肺、心脏等手术中,也都有类似的现象出现。

这种生理上的现象吸引了很多有兴趣的心理学家,阿德勒这是在这一基础上提出了"补偿作用"的理论学说。

所谓补偿,就是发挥一个人的最大优势,激发其自信心,抵消其弱点。一个缺乏自信心的人会使其天赋在挫折面前遭到灭顶之灾,从此变得畏缩不前,无数事实说明,补偿措施能给自卑意识强烈的人提供成功的精神力量。成千上万个自卑感强的人通过补偿途径获得了自尊、自信、自爱。但凡在某一领域获得诸多成就的人,探索他们的成功史,会惊奇地发现,这些人中有大多数在童年时有着诸如家境贫寒、父母离异、身体残废、体弱多病、相貌丑陋、精神障碍等弱点。补偿其缺陷和不足的需要,是这些人奋发图强的主要因素,甚至是他们获得成功的决定性因素。

在文化的历史长河中,贝多芬、海伦·凯勒、霍金分别是在音乐、文学、科学领域独树一帜的人物。当人们景仰他们所取得的伟大成就时,却少有人会想到,贝多芬是个聋子,这对一个搞音乐创造的人来说是多么大的打击和障碍,但是生理的缺陷没有影响贝多芬对音乐的热爱,反而更加努力,留下了传世经典的交响乐。海伦·凯勒是盲聋哑人,却能掌握英、德、法等5种语言,并创作出了《假如给我三天光明》《我的生活》《我的老师》等著作。而霍金因为肌肉萎缩而只能被禁锢在轮椅上生活,却并没有因此而向命运妥协,反而在科学领域有诸多建树,并有像《时间简史》这样的科学论著问世。这样看来,弱点并不必定导致失败,只要正确看待弱点,将弱点转化为优点,人们反而能取得更大的成功。

其实,金无足赤,人无完人,每个人都有着或多或少的弱点。面对弱点,与其每天怨天尤人,抱怨上帝的不公平,还不如自己想办法弥补弱点,增长自己的学识、才干。当积攒了足够多的资本以后,你就会发现,即使别人想把你看成是懦夫,也很困难了。

合理补偿弱点，完善自我

从成功人士的过往经历来看，补偿作用这一心理机制，并不是抓住弱点，让其变为优点，而是有策略性地进行安排和取舍，使其不能成为前进路上的绊脚石，并进一步成为自己独有的优势。

要做到这一点，以下几种方法非常值得借鉴：

第一，用直接补偿的方法。所谓直接补偿，是指个体在失败或不足的部分重新获得成功。通过对自身的全面认识和巧妙布局，把弱点直接转化为自己的优势。

中学课本里的《为学》这篇文章中记载了两个和尚由四川去南海朝圣的故事，如果从客观条件方面考虑，先完成朝圣这件事的肯定应该是富和尚。因为他有穷和尚所无法比的优势：衣食无缺，财力雄厚。相比之下，穷和尚有什么呢：一个化缘的钵，来解决吃饭的问题；一个喝水的瓶，用以解决喝水的问题。但他有补偿自己弱点的优势，那就是把这一目标付之于行动和在这一过程中百折不挠的毅力，以及战胜困难的勇气。同样是一件事，不同的人去做，其中必定有许多具体的情况，不同的人所体现出的优劣势不同。但这绝不是你能否完成任务的决定因素，关键在于你如何对待和运用你所拥有的。如果运用得当，劣势同样可以转化为优势。

较之物质上的优势，精神上的优势更易于让人获得成功，前面的穷和尚不正是这样吗？在物质上他没有优势，但是在旅行的过程中，正是这种物质上的无所依赖才让他时时提醒自己事在人为，终于成功。

生活中，过分的依赖于自己的优势反而会把自己置于不利境地。

第二，用间接补偿的方法。这种方法是指个体希望借由某领域的成功，来补偿其他领域的失败。

齐国的大将田忌，很喜欢赛马，有一回，他和齐威王约定，要进行一场比赛。他们商量好，把各自的马分成上、中、下三等。比赛的时候，要上马对上马，中马对中马，下马对下马。由于齐威王每个等级的马都比田忌的马强得多，所以比赛了几次，田忌都失败了。

　　有一次，田忌又失败了，觉得很扫兴，比赛还没有结束，就垂头丧气地离开赛马场，这时，田忌抬头一看，人群中有个人，原来是自己的好朋友孙膑。孙膑招呼田忌过来，拍着他的肩膀说："我刚才看了赛马，威王的马比你的马快不了多少呀。"孙膑还没有说完，田忌瞪了他一眼："想不到你也来挖苦我！"孙膑说："我不是挖苦你，我是说你再同他赛一次，我有办法准能让你赢了他。"田忌疑惑地看着孙膑："你是说另换一匹马来？"孙膑摇摇头说："一匹马也不需要更换。"田忌毫无信心地说："那还不是照样地输！"孙膑胸有成竹地说："你就按照我的安排办事吧。"齐威王屡战屡胜，正在得意扬扬地夸耀自己马匹的时候，看见田忌陪着孙膑迎面走来，便站起来讥讽地说："怎么，莫非你还不服气？"田忌说："当然不服气，咱们再赛一次！"说着，"哗啦"一声，把一大堆银子倒在桌子上，作为他下的赌注。齐威王一看，心里暗暗好笑，于是吩咐手下，把前几次赢得的银子全部抬来，另外又加了一千两黄金，也放在桌子上。齐威王轻蔑地说："那就开始吧！"一声锣响，比赛开始了。孙膑先以下等马对齐威王的上等马，第一局田忌输了。齐威王站起来说："想不到赫赫有名的孙膑先生，竟然想出这样拙劣的对策。"孙膑不去理他。接着进行第二场比赛。孙膑拿上等马对齐威王的中等马，获胜了一局。齐威王有点慌乱了。第三局比赛，孙膑拿中等马对齐威王的下等马，又战胜了一局。这下，齐威王目瞪口呆了。比赛的结果是三局两胜，田忌赢了齐威王。

　　还是同样的马匹，只不过由于调换一下比赛的出场顺序，就得到转败为胜的结果。马匹本身的优点和弱点并没有发生改变，改变的只是策略者对全局的统筹。在生活中，通过扬长避短的简单方法，就可以把弱点变成自己的优势。

马斯洛理论：人是一种有欲求的动物

人类的五大需求

有人说：生，容易；活，容易；生活，却不容易。也有人说：我们吃饭是为了活着，但是活着却不仅仅是为了吃饭。很简单地两句话，却给我们揭示了一个很深刻的道理：单纯的生存只要满足基本的生理需求就可以了，但是生活不一样，在满足了吃穿住行这些基本的生活需求之后，我们还需要更多的东西？我们还会有梦想，有追求，渴望成功，渴望被尊重。

究竟人类需要的是什么？马斯洛是这样告诉我们的：

第一，生理需要。我们首先要安排好自己的衣食住行，满足自己的温饱，并不是因为我们喜欢，而是因为我们需要，因为这些基本的生理需要能保证我们继续作为一个健康的个体存活下来。这类需求的级别较低，但是生理需要对于人的作用，就相当于地基对于高楼大厦，没有这些基本需要做依托，其他的需要都是空中楼阁。因此，它对于一个人的生存发展起着决定性的基础作用。

第二，安全需要。安全需要是指一个人对自身的人身安全、生活稳定有一定的需要。同时，也希望免遭痛苦、远离威胁或者摆脱疾病。同生理需求一样，在安全需求没有得到满足之前，人们最关心的就是这种需求。成语中所说的"安居乐业"所要表达的就是这层含义。只有保证一个安全的生存环境，才有心情去考虑其他事情，创造属于自己的事业。

第三，归属和爱的需要。在前面两个需要得到满足之后，归属和爱的需要就显现出来了。它是指一个人希望有和睦的家庭，有来自父母和其他亲人的关爱，有心灵的归属感。年龄越小，这种需要就越强烈。随着年龄的增长，这种需要的对象将会逐渐扩大到朋友、伴侣身上。这一需要是与前面两个层次截然不同的另一层次。

第四，尊重需要。尊重需要既包括自己对自己的认同，也包括他人对自己的尊重与认可。有这种需要的人希望别人能接受他们，并认为他们有能力，他们关心的是成就、名声、地位和晋升机会。当他们得到这些时，不仅赢得了人们的尊重，同时也会因对自己价值的满足而充满自信。这种需要应该把持一定的限度，如果任其泛滥，将会由正常的需要而变为可怕的自负。

第五，自我实现的需要。自我实现的需要，想要达到这一层次的人，主要表现在工作学习和生活的追求。随着前四种需求的满足，人们开始寻找生活的乐趣，开始学习更多的知识，尽量地享受工作外的精神生活。例如，各种技能培训，以及旅游、疗养等各类休闲娱乐活动。

这就是马斯洛给我们归纳的人类的需要层次理论。掌握这个理论，将有助于我们更清晰地认清自我，更融洽地与周围的人交往，拓宽自己的交往范围，融合自己的人际关系。

如何有效利用需求层次

马斯洛理论包含了人类由低级到高级的各种需求，因此，它与我们现阶段的每个人都息息相关。那么，如何有效利用这些需要层次，为我们的生活锦上添花，真正让理论为我们所用呢？

首先，要学会尊重他人。推己及人，想要得到别人的尊重，就必须先尊重别人：尊重父母，感谢他们多年来的养育之恩，在未来的日子里，也要用同样的尊重与敬爱去回报父母；尊重朋友，让彼此在平等和谐的环境中交流，就可以增进相互间的了解，加深彼此的感情；尊重员工，消除等级制度，实行弹性工作制，调动员工的积极性，真正以企业为家，做企业的主人。尊重身边的每一个人，一点一滴积累起来的友善资源，将是人生路上最宝贵的财富。给予别人这些肯定，满足他们的精神需求，就可以获得更好的人际关系，获得更多的回报。

　　其次，在生活中科学合理地安排各个层次的需要。在现代的许多家庭教育中，都背离了这个层次理论。孩子正值童年，正是天真烂漫，无忧无虑的年龄，但是大多数孩子在这个年龄段却没有享受到他应有的那份童真，而是整天奔波于学校和各个补习班之间。周末如此，寒暑假也是如此。书法、英语、游泳、声乐也许家长看着自己孩子取得的成绩会觉得欣慰，但是这些所谓的成绩都不是孩子真正想要的。从马斯洛理论的角度来看，正值童年的孩子，物质生活无忧，家庭生活相对稳定，父母双亲都视为掌上明珠，已经满足了基本的生理需要、安全需要、归属和爱的需要。那么接下来就应该满足尊重需要，但是孩子们的想法和需要并没有得到应有的尊重，而是将这一需要直接跨越过去，直接到达了自我实现的需要层次。这中间就出现了一个需要层次上的断层。而要让孩子自己来适应这个断层，自然是难上加难的，因此，才会导致现在的孩子们童年不开心。如果每一位家长都能熟知马斯洛理论，并将其精髓充分领会，那么就会尊重孩子的喜好，遵循孩子的成长规律，而不是在他们这个可以自由玩耍的年龄就要把他们打造成各个行业的大师。

　　最后，要适度追求各个层次的需要。马斯洛理论所提出的5个需要层次都是人类生理上和心理上所必需的。缺少了其中任何一个，生活都会显得黯然失色。同样，过犹不及，对每一个层次的需要都有强烈的欲求，也不是人们应该持有的态度。坚持适度原则，才是最明智的选择。对生理需要的欲求过盛，将会缩小自己身上的人性，而夸大了其动物性。对心理需要的欲求过盛，将会影响个人的道德品质，使个体迷失在欲望的沟壑里而无法自拔。因此，对各个层次的需要保持适度的追求，才能让美妙的生活之花开得绚烂、长久。

木桶定律：抓最"长"的，不如抓最"短"的

克服人性"短板"，避开成事"暗礁"

一位老国王给他的两个儿子一些长短不同的木板，让他们各做一个木桶，并承诺：谁做的木桶装下的水多，谁就可以继承王位。大儿子为把自己的木桶做大，每块挡板都削得很长，可做到最后一条挡板时没有木材了；小儿子则平均地使用了木板，做了一个并不是很高的木桶。结果，小儿子的木桶装的水多，最终继承了王位。

与此类似，遇到问题时，我们若能先解决导致问题的"短板"，便可大大缩短解决问题的时间。

俗话说"人无完人"，人性是存在许多弱点的，如恶习、自卑、犯错、忧虑、嫉妒等等。根据木桶定律，这些短处往往是限制我们能力的关键。就像木桶一样，一个木桶能装多少水，并不是用最长的木板来衡量的，而是要靠最短的木板来衡量，木桶装水的容量受到最短木板的限制，所以，要想让木桶装更多的水，我们必须加长自己最短的木板。

1. 恶习

我们时时刻刻都在无意识地培养着习惯，这令我们在很多情况下都要臣服于习惯。然而，好的习惯可为我们效力，不好的习惯，尤其是恶习（如果拖沓、酗酒等），会在做事时严重拖我们的后腿。所以，我们要学会对自己的习惯分类，对不好的习惯进行改正、完善，以免将成功毁在自己的恶习之中。

2. 自卑

自卑，可以说是一种性格上的缺陷，表现为对自己的能力、品质评价过低。它往往会抹杀我们的自信心，本来有足够的能力去完成学业或工作任务，却因怀疑自己而失败，显得处处不行，

处处不如别人。所以，做事情要相信自己的能力，要告诉自己"我能行""我是最棒的"，那样，才能把事情办好，走向成功。

3. 犯错

人们通常不把犯错误看成是一种缺陷，甚至把"失败是成功之母"当成自己的至理名言。殊不知，有两种情况下犯错误就是一种缺陷。一种是不断地在同一个问题上犯错误，另一种是犯错误的频率比别人高。这些错误，或许是因他们态度问题，或许是因他们做事不够细心，没有责任心导致的，但无论哪种，都是成功的绊脚石。因此，平时要学会控制自己，改掉马虎大意等不良习惯；犯错后不要找托辞和借口，懂得正视错误，并加以改正。

4. 忧虑

有位作家曾写道：给人们造成精神压力的，并不是今天的现实，而是对昨天所发生事情的悔恨，以及对明天将要发生事情的忧虑。没错，忧虑不仅会影响我们的心情，而且会给我们的工作和学习带来更大的压力。更重要的是，无休止的忧虑并不能解决问题。所以，我们要学会控制自己的情绪，客观地去看问题，在现实中磨炼自己的性格。

5. 妒忌

妒忌是人类最普遍、最根深蒂固的感情之一。它的存在，总是令我们不能理智地、积极地做事，于是，常导致事倍功半，甚至劳而无功的结果。因此，无论在生活中，还是在工作中，我们都应平和、宽容地对待他人，客观地看待自己。

6. 虚荣

每一个人都有一点虚荣心，但是过强的虚荣心，使人很容易被赞美之词迷惑，甚至不能自持，很容易被对手打败。所以，我们要控制虚荣，摆脱虚荣，正确地认识自己。

7. 贪婪

由于太看重眼前的利益，该放弃时不能放弃，结果铸成大错，甚至悔恨终生。众所周知，很多人因太贪钱财等身外之物而毁了大好前程，有时明知是圈套，却因为抵御不住诱惑而落入陷阱。

说到底，不是人不聪明，而是败给了自己的贪欲。可见，要成事，先要找对心态，知足才能常乐。

一位伟人曾经说过："轻率和疏忽所造成的祸患将超乎人们的想象。"许多人之所以失败，往往是因为他们没有注意到自己成功路上的那块短板，如车祸、建筑工程质量、行贿受贿等。所以，我们要想做好事情，应先学会做人，找到自己成功路上的短板，取长补短，从而摆脱弱点对我们的控制。

找到"阿喀琉斯之踵"，让问题迎刃而解

在希腊神话中，有这样一个意义深刻的故事：

阿喀琉斯是希腊神话中最伟大的英雄之一。他的母亲是一位女神，在他降生之初，女神为了使他长生不死，将他浸入冥河洗礼。阿喀琉斯从此刀枪不入，百毒不侵，只有一点除外——他的脚踵被提在女神手里，未能浸入冥河，于是脚踵就成了这位英雄的唯一弱点。

在漫长的特洛伊战争中，阿喀琉斯一直是希腊人最勇敢的将领。他所向披靡，任何敌人见了他都会望风而逃。

但是，在十年战争快结束时，敌方的将领帕里斯在众神的示意下，抓住了阿喀琉斯的弱点，一箭射中他的脚踵，阿喀琉斯最终不治而亡。

与"阿喀琉斯之踵"类似，任何事情或组织都有它的最薄弱之处，而问题又往往由这里产生。那么，如果我们把这个最薄弱处解决，问题往往就迎刃而解了。

曾有一家刚起步的电子商务公司，采购与销售是两个独立的部门，公司规定两个部门的资料每周沟通2次。然而，由于平时业务繁忙，再加上两个部门的员工不能及时交流沟通，总是造成销售人员在认为商品有货源的情况下接受了顾客的订单，但采购部实际上并不能在短时间内找到相应的货源。于是，顾客不能按

时收到商品，公司经常接到投诉和顾客的抱怨，严重影响了业绩和公司的形象。

总经理发现了两个部门缺少沟通这一关键而又薄弱的环节后，为全公司所有员工电脑安装了及时沟通软件，让两个部门的员工能及时沟通。同时，还在公司建立了库存与近期货源一览表。从而避免了原来有单无货的不良现象，既提高了公司的业绩，又提升了公司的形象。

通过这个例子可以看出，如果不能及时解决采销两个部门沟通的这块"短板"，无论销售人员如何努力接订单，对解决问题仍没有实质性的收效。因此，抓住导致问题的短板，并从根本上予以解决，才能使问题迎刃而解。

与此类似的例子还很多，例如，你和竞争对手同时争取一个项目，那么，你就需要了解对方的薄弱之处在哪儿，如何用你的强势攻克对手的薄弱环节；家庭因家电超负荷导致停电，检查电线和电器往往不起丝毫作用，而真正的解决方法应该是修好脆弱的保险丝；孩子成绩不好，解决的方法不是帮他们做题、写作业，也不是用训斥来打击他们幼小的心灵，而是要找到孩子在学习上的薄弱之处，从这里着手，才能从根本上提高孩子的成绩……

木桶定律让我们明白，遇到问题，不要蛮干，要找到导致问题的短板，科学地予以解决，从而达到事半功倍的效果。

借口定律：不为失败找借口，只为成功找方法

借口是滋生问题的根源

生活、工作和学习中，你是否常常看到这样一些借口？

如果上班迟到了，会有"路上堵车""手表慢了"的借口；

考试不及格，又会有"出题太偏""题量太大"的借口；工作完不成，则有"工作太繁重"的借口。

只要细心去找，借口总是有的，而且以各种各样的形式存在着。许多人的失败，就是因为借口太多。当我们碰到困难和问题时，只要去找，也总是能找到的。不可否认，许多借口也是很有道理的，但是恰恰就是因为这些合理的借口，人们心理上的内疚感才会减轻，汲取的教训也就不会那么深刻，争取成功的愿望就变得不那么强烈，成功当然与我们擦肩而过了。

仔细想想，很多时候我们的失败不就是与找借口有关吗？不愿意承担责任，处处为自己开脱，或是大肆抱怨、责怪，认为一切都是别人的问题，自己才是受害者。

这样找借口的人往往把所有问题都归结在别人身上——"为什么我没有成功？那是因为工作不好，环境不好，体制不好。""为什么我生活得不好？那是因为家庭不好，朋友不好，同事不好。""为什么我会迟到？那是因为交通拥挤，睡眠不好，闹钟出了问题。"可以想到，一旦有了"借口"，似乎就可以掩饰所有的过失和错误，就可以逃避一切惩罚。

但是，这样不断地找无谓的借口，你永远也不可能改进自己。相反地，你不断地找借口，糟糕的结果也就不断地发生，你的生命也就会不断地出现恶性循环。

所以，你首先要改变的是自己的态度，由此才能实现良性循环，如果你是一个富有责任感的人，你就不会轻易便为自己找借口，因为你知道借口不能解决任何问题。

你改变不了天气，但是你可以调整自己的着装；你改变不了风向，却能调整你的风帆；你改变不了他人，却可以改变你自己。所以，面对困难你可以调整内在的态度和信念，通过积极的行动，消除一切想要寻找借口的想法和心理，成为一个勇于承担责任的人，成为一个不抱怨、不责怪、不为失败找借口的人。

你应当对自己说："所有的问题都是我的问题，学习不好——我的问题，工作不好——我的问题，生活不好——我的问题。你是生活的主人—你必须有这样的认知，并以此来激励自己。"

要知道，成功也是一种态度，常常找借口的人是很难获得成功的。你尽可以悲伤、沮丧、失望、满腹牢骚，尽可以每天为自己的失意找到一千一万个借口，但结果是你自己毫无幸福的感受可言。你需要找到方法走向成功，而不要总把失败归于别人或外在的条件。因为成功的人永远在寻找方法，失败的人永远在寻找借口。

"没有任何借口"，让你没有退路，没有选择，让你的心灵时刻承载着巨大的压力去拼搏，去奋斗，置之死地而后生；只有这时，你内在的潜能才会最大限度地发挥出来，成功也会在不远的地方向你招手！

成功的人不会随便寻找任何借口，他们会坚毅地完成每一项简单或复杂的任务。一个成功的人就是要确立目标，然后不顾一切地去追求目标，并且充分发挥集体的智慧力量，最终完成目标，取得成功。

所以我们应该拒绝借口。用决心、热心、责任心去对待生活。永远坚持百折不挠的挑战精神和没有任何借口的心态：奋斗，失败，再奋斗，再失败，再奋斗……直至最终的成功，这也是成功的一项法则。

借口是拖延的温床

现实中，是什么让你远离成功的彼岸？你搁置了多少想法、多少梦想、多少计划。其实，这一切都源于你没有坚决地付诸行动。而你又为自己的拖延找到了借口这张温床。所以，要想获得成功，我们就要不找借口地活着。不找借口，就意味着拒绝拖延，今天的事今天做。

借口是拖延的温床，当你告诉自己"这件事可以缓一缓""我今天已经做了很多事，可以奖励自己放松一下了""明天什么事也没有，不如明天做""今天天气很难得，不能待在屋里"的时候，要注意了，你已经滋生了拖延的习惯。

如果你是个办事拖拉的人，你就在浪费宝贵时间。这种人花许多时间思考要做的事,担心这个担心那个,找借口推迟行动,又为没有完成任务而悔恨。在这段时间里,他们本来能完成任务而且早应转入下一个环节了。

所以,一定要找到可以有效对付拖拉作风的方法:

1.确定一项任务是否非做不可

当我们感觉一项任务不重要,做起来自然会拖拖拉拉,若是这项任务真的不重要,就立刻取消它,而不是既拖延又后悔。有效分配时间的重要一环,是取消可有可无的任务。应该从你的日程表中把乱糟糟的东西清除。

2.把任务委托给其他人

有时候,任务是能完成的,但是你不喜欢做。你不愿意做可能与你的兴趣或专长有关,这时如果你把任务委托给一个比你更适合做、更乐意做的人,你和他就都成了赢家。

3.确定好处与优势,立即行动起来

我们往往因为看不到完成一项任务有什么好处而拖拖拉拉。也就是说,我们做这项任务时付出的代价似乎高于做完之后得到的好处。解决这个问题的最佳办法是从你的目标与理想的角度来分析这个任务。如果你有一个重大目标,那你就比较容易拿出干劲去完成有助于你达到目标的任务。

4.养成好习惯

许多人的拖延已经成了习惯。对于这些人,一切理由都不足以使他们放弃这个消极的工作模式去完成一项任务。如果你有这个毛病,你就要重新训练自己,用好习惯来取代拖延的坏习惯。每当你发现自己有拖沓的倾向时,静下心来想一想,确定你的行动方向,然后给自己提一个问题:"我最快能在什么时候完成这个任务?"定出一个最后期限,然后努力遵守。渐渐地,你的工作模式会发生变化。

"快!快!快!为了生命加快步伐!"这句话常常出现在英国亨利八世统治时代的留言条上,警示人们,旁边往往还附有一幅图画,上面是没有准时把信送到的信差在绞刑架上挣扎。当时还没有邮政事业,信件都是自政府派出的信差发送的,如果在路上延误就会被处以绞刑。

"明天"是魔鬼的座右铭。整个历史长河中不乏这样的例子，很多本来智慧超群的人，留下的仅仅是没有实现的计划和半途而废的方案。对懒散的人来说，明天是他们最好的搪塞之词。

有两句充满智慧的俗语说得好：一句是"趁热打铁"，另一句是"趁阳光灿烂的时候晒干草"。

很少有人注意到自己通常在什么时候比较懒散倦怠。有的人是在晚饭后，有的人是午饭后，还有的在晚上7点钟以后就什么都不想干了。每个人一天的生活往往都有一个关键时刻，如果这一天不想白过的话，一定不要浪费这个时刻。对大多数人而言，早晨的几小时往往是这一天会不会过得充实的关键时刻。

拖延是一种疾病，对那些深受拖延之苦的人来说，唯一的办法就是做出果断的决定。否则，这一疾病将成为摧毁胜利和成就的致命武器。通常来说，爱拖延的人就是失败的人。

我们始终要牢记，今天才是你最有可能把握的；总是给自己的拖延找借口，寄希望于明天的人，永远只是一事无成的人，到了明天，后天也就成了明天，一而再，再而三，事情永远没有完结的一天。

如果你总是把问题留到明天，那么，明天就是你的失败之日，同样，如果你计划一切从明天开始，你也将失去成为行动者的所有机会。请记住，明天只是你愚弄自己的借口。

所以，你还在等什么呢？今天就付诸实际行动吧！永远不要做现实中的寒号鸟，赶快在寒冬未来临之前给自己垒一个温暖舒适的窝。

不找借口，是一种成功理念

任何一个社会似乎都可以找出两种人：成功者和失败者。根据二八法则，20%的人掌握着社会中80%的财富。什么原因让少数人比多数人更有力量？因为多数人都在找借口。20和80的区别在于：一种是不找任何借口做事情的人；另一种是光说不练，还整天找借口为自己开脱的人。

"我本来可以，但是……"

"我也不想，可是……"

"是我做的，但这不是我的错……"

"我本来以为……"

在现实生活中，我们经常会听到这一类的借口，生活中缺少的正是想尽办法去完成任务，不找借口的人。

美国人常常讥笑那些随便找借口的人说，"狗吃了你的作业"。借口是拖延的温床，习惯性的拖延者通常也是制造借口的专家，他们每当要付出劳动或做出抉择时，总会找出一些借口来安慰自己，总想让自己轻松一些、舒服一些。借口是推卸责任的表现，也是转嫁责任的方式，可以为自己制造一个安全的角落。习惯找借口的人，不可能成为企业称职的员工，在社会上也不会是值得大家信赖和尊重的人。

一个社会越推崇某种精神，就说明这个社会越缺少某种精神。把信送给加西亚的罗文在中国受到追捧，正说明敬业精神的缺失。然而敬业并非只是一个简单的技巧问题，它首先是一个如何做人的问题。真正的敬业精神是基于对自我和他人的尊重、对事业和生活的热爱、对梦想和成功的渴望。对一个企业来说，只要员工具有敬业、负责的工作态度，用心做事，扎扎实实、积极主动、不找任何借口地去做事，员工就能实现最大的个人价值，企业就拥有最完美、最坚强的执行力，就有实力在市场竞争中迎风激浪、无往不胜。

"没有任何借口"是美国西点军校 200 年来奉行的最重要的行为准则，是西点军校传授给每一位新生的第一理念。它强化的是每一位学员想办法去完成任何一项任务，而不是为没有完成任务去寻找借口，哪怕是看似合理的借口。秉承这一理念，无数西点毕业生在人生的各个领域都取得了非凡的成就。西点军校在培养大批军事家的同时，它还为美国培养和造就了众多的政治家。不仅在美国军政两界，而且已经有越来越多的西点毕业生开始在美国商界崭露头角。这些成功的商界人士都一致肯定，在西点军校培训的经历对他们担任商界领导者有着莫大的助益，虽然当时所学的知识主要是军事项目，但西点军校对人的性格、毅力的塑造是十分成功的。任何商学院都没有培养出这么多优秀的经营管理者。

　　事业的成功说到底是来自人的能力（尤其是创造力）的真正发挥，而所有的工作归根到底也无非是对他人的服务，对自我生命价值的体现。因此，不找借口并不仅仅是一种工作态度，更重要的是，它是一种生活理念。在你人生的方方面面，你都应该信守这一理念，唯有如此，你才可能获得一种成功而又幸福的生活。

第二章　生存竞争法则

零和游戏定律："大家好才是真的好"

化敌为友，与对手双赢

在大多数情况下，博弈总会有一个赢，一个输，如果我们把获胜计算为 1 分，而输棋为 –1 分，那么，这两人得分之和就是：1+（–1）=0，即所谓的"零和游戏定律"。

在当今这个战略制胜的时代，双赢的理念和意识，在竞争中发挥着非常积极的作用。

很多时候，竞争中你若能化敌为友，这样得到的朋友，比你先前的朋友更能帮助你。因为你先前的朋友所占有的资源，你可能已经占有；所掌握的技能，你可能也已掌握。化敌为友产生的新朋友，所占有的资源，所掌握的技能，可能正是你一直想拥有而未能拥有的，反之，对手从你那里也有所需，这样就促成了与对手双赢的结局。

1997 年 8 月 6 日，IT界传出一个惊人的消息，微软总裁比尔·盖茨宣布，他将向微软的竞争对手——陷入困境的苹果电脑公司注入 1.5 亿美元的资金！

此语一出，IT 界为之哗然。比尔·盖茨大发善心了吗？

作为当时世界的首富，比尔·盖茨在世界各地捐资。但这一回，他却不是捐资，更不是行善，他向苹果注入资金是出于商业目的。

苹果电脑公司诞生于一个旧车库里，它的创始人之一是乔布斯。苹果的成功，在于乔布斯是世界上第一个将电脑定位为个人可以拥有的工具，即"个人电脑"，它就像汽车一样，普通人也可以操作。这是一个划时代的产品定位概念，因为在那之前，电脑是普通人无缘摆弄的庞然大物，不仅需要艰深的专业知识，还得花大价钱才能买到手。

乔布斯很快推出了供个人使用的电脑，引起了电脑迷的广泛关注。更为重要的是，苹果公司还开发出了麦金塔软件，这也是一个划时代的、软件业的革命性突破，开创了在屏幕上以图案和符号呈现操作系统的先河，大大方便了电脑操作，使非专业人员也可以利用电脑为自己工作。

苹果公司靠着这些核心竞争力，诞生不久就一鸣惊人，市场占有率曾经一度超过 IT 老大 IBM。

然而，在进入 20 世纪 90 年代，网络经济突飞猛进之际，苹果公司却慢了一拍，未能抓住网络化这一先机，市场占有率急剧萎缩，财务状况日益恶化，1995~1996 年连续亏损，亏损额高达数亿美元，苹果公司使出了浑身解数，但种种努力都没有产生太大的效果。

就在苹果公司上上下下愁眉苦脸之际，微软突然伸出援助之手。难道天下真的有救世主吗？当然没有。

比尔·盖茨自有他的如意算盘。他知道，苹果作为一家辉煌一时的电脑霸主，尽管元气大伤，但它潜在的实力却非常巨大。

在这个时候，很多电脑公司包括微软的一些竞争对手如 IBM、网景等，都想利用苹果乏力之机，提出与苹果合作，来达到和微软竞争的目的。显然，如果微软不与苹果合作，对手的力量就会更强大。

更为重要的是，美国《反垄断法》有规定，如果某个企业的市场占有率超过规定标准，市场又无对应的制衡商品，那么这个企业就应当接受垄断调查。如果苹果公司垮了，微软公司推出的操作系统软件市场占有率就会达到92%，必然会面临垄断调查，那么仅仅是诉讼费就将超过从苹果公司让出的市场中赚取的利润。而和苹果合作，则可以把苹果拉到自己这一边，苹果和微软的操作软件相加，就基本上占领了整个计算机市场，微软和苹果的软件标准就成了事实上的行业标准，其他竞争对手就只好跟着走了。当然，微软实力比苹果强大，不会在合作中受制于苹果。

谁都看得出来，拉苹果一把，有百利而无一害，比尔·盖茨扮演一回救世主绝对不吃亏。

可见，与其付出代价而消灭对手，不如化敌为友，与其双赢更为划算。

NBA 比赛中的赢家学问

NBA（美国男篮职业联赛）比赛被认为是当今世界上发展最完备、职业化程度最高的篮球联赛，公平、公正、公开是它一贯的处事原则，它的很多项规章制度都自觉或不自觉地打破了"零和游戏定律"。

比如 NBA 的选秀制度。为了使 NBA 各队的实力水平不至于太悬殊，从而增加比赛的精彩和激烈程度，NBA 都要在每年度的总决赛之后，在 6 月下旬举行一年一度的"选秀大会"。参加选秀的一般是全美各大学的学生，均为 NCAA 全美大学生篮球联赛中的佼佼者。当然，最近几年里，高中生和国际球员有增多的趋势。NBA 根据他们的综合实力给他们打分排名，然后，各球队依照该年度在常规赛中的优胜率排名，按由弱到强的顺序依次挑选。为了公平起见，NBA 从前两年开始，在选秀前，先分发 1000 个乒乓球，上面注明挑选的顺序号，常规赛成绩最差的球队可挑 250 个号，他们挑中首选权的概率是 25%。以下依次类推。

这种制度是制衡各队强弱的杠杆，弱队每年总能得到一些能量补充，而强队得到好球员的概率则相对较小，这样就使得NBA各队之间的实力差距不至于太悬殊，这既保证了比赛的水平和质量，也保证了NBA的活力。这项制度实质上是NBA的经营手段，它的最终目的是使联盟能获得最大的利益。它不仅仅要求联盟获利，而且是力争使所有的球队（无论强弱）都获利，只是获利的多少有所区别而已。这是一种"多赢"的局面，而这种"多赢"正是"双赢"的延伸和发展，是"双赢"的最大化体现。相反，如果只是湖人、公牛、马刺这样的超级强队获利，而快艇、骑士、猛龙等弱队一直赔钱的话，NBA恐怕早已经萎缩，也不会从当初的 11 支球队，发展到如今的 30 支球队了。

　　NBA 球队之间的球员交换，也表明了参与球队希望"双赢"或者"多赢"的愿望。像勇士队与小牛队完成的 9 人大交易，其出发点就是为了共同提高两队的实力。在这场交易中，两队的明星球员贾米森和范埃克塞尔作了互换。在小牛队中，虽然范埃克塞尔实力一流，充满激情，但由于纳什的稳定发挥，使得他的作用大多是锦上添花，很少能雪中送炭；而由于内线实力的欠缺，使他们在和湖人、马刺那样内线实力强大的球队的对抗中处于劣势。因此，得到贾米森这样的明星球员，既能提高得分能力，又能增加内线高度，对球队大有裨益。

　　同样，贾米森虽是勇士队的头号球星，但和他司职同样位置的墨菲上个赛季进步神速，况且比他更高更壮，似乎已能替代他的角色。倒是勇士队的后卫阿瑞纳斯虽然获得了上个赛季的"进步最快奖"，但由于年轻尚欠稳定，常常无法帮助球队在关键的比赛中力战到底，他们曾看上了马刺队的克拉克斯顿，还将"袖珍后卫"博伊金斯招至麾下，但这些人和范埃克塞尔相比，显然不在一个档次。因此，勇士队才会放走头号球星，迎来小牛队的替补后卫。这种思维和行为方式，正是期待"双赢"的表现。

　　当然，在 NBA 中也存在不和谐。森林狼队的"乔·史密斯事件"，就公然违反了公平、公开、公正的原则，暗箱操作，侵犯了群体的利益。NBA 官方发现之后，对森林狼队进行了严厉的处罚——处以巨额罚款,剥夺其3年的首轮选秀权,球队老板以及副总裁被禁赛数月,球队和史密斯签订的合同无效,史密斯还被迫为活塞队效力1年。缺乏真诚合作的精神和勇气,不遵守游戏规则……森林狼队为此吃尽了苦头。

马蝇效应:激励自己,跑得更快

背负压力,你会跑得更快

1860年大选结束后几个星期,有位叫做巴恩的大银行家看见参议员萨蒙·蔡思从林肯的办公室走出来,就对林肯说:"你不要将此人选入你的内阁。"林肯问:"你为什么这样说?"巴恩答:"因为他认为他比你伟大得多。""哦,"林肯说,"你还知道有谁认为自己比我要伟大的?""不知道了。"巴恩说,"不过,你为什么这样问?"林肯回答:"因为我要把他们全都收入我的内阁。"林肯为什么要这样做呢?

很多人都对林肯的决定感到困惑。如巴恩所说,蔡思确实是个狂态十足、极其自大的人,他妒忌心很重,而且一直希望谋求总统职位。至于林肯为何仍旧重用蔡思,用他自己的话来解释为:"现在正好有一只名叫'总统欲'的马蝇叮着蔡思先生,那么,只要它能使蔡思那个部门不停地跑,我还不想打落它。"

现实生活中,不仅是蔡思先生,我们任何一个人,找只马蝇给自己点压力,都会使自己向目标的方向前进得更快。曾有这样一个有趣的故事:

勒斯里为了领略山间的野趣,一个人来到一片陌生的山林,左转右转迷失了方向。正当他一筹莫展的时候,迎面走来了一个挑山货的美丽少女。

少女嫣然一笑，问道："先生是从景点那边走迷失的吧？请跟我来吧，我带你抄小路往山下赶，那里有旅游公司的汽车等着你。"

勒斯里跟着少女穿越丛林，正当他陶醉于美妙的景致时，少女说："先生，往前一点就是我们这儿的鬼谷，是这片山林中最危险的路段，一不小心就会摔进万丈深渊。我们这儿的规矩是路过此地，一定要挑点或者扛点什么东西。"

勒斯里惊问："这么危险的地方，再负重前行，那不是更危险吗？"

少女笑了，解释道："只有你意识到危险了，才会更加集中精力，那样反而会更安全。这儿发生过好几起坠谷事件，都是迷路的游客在毫无压力的情况下一不小心摔下去的。我们每天都挑着东西来来去去，却从来没人出事。"

勒斯里不禁冒出一身冷汗。没有办法，他只好扛着两根沉沉的木条，小心翼翼地走过这段"鬼谷"路。

两根沉木条在危险面前竟成了人们的"护身符"。其实，许多时候，如果我们学会在肩上压上两根"沉木条"，给自己一些压力，确实会让我们走得更好。下面看看这个非常贴近我们自己的例子：

小王是学管理的，因为爱好设计，进了某私企的企划部。刚工作不久，接手了一个公司的圣诞节网站广告设计项目，期限是4天。

由于这次广告需要设计一个非常有创意的网页，而小王和其他同事都不懂网页设计软件，老总便在出差前给他推荐了一位做网页不错的外援。谁料，小王拿着老总给的手机号码联系对方，人家也到外地出差了，根本抽不出时间。

当时，小王面前只有两条路：一是放弃，直接找老总告诉做不了；二是迎难而上，完成项目。选择前者，会失去很好的表现机会，晋升的梦想也可能泡汤；选择后者，自己需要再想别的办法做出一个有创意的网页，既要符合活动广告的要求，又要体现公司的内涵和优势，但若成功了会大大提升自己在老总心中的地位。一直梦想做出成绩的小王，最终选择了后者。

决定后，他想：如果再找别人，要让对方了解公司的企业文化、优势及活动意义等，至少也要1天左右，而整个项目只有4天，还不如自己上，毕竟自己对公司和这次活动主旨都比较了解，何况大学期间也学过FOXPRO、VB等计算机课程。

于是，他买了两本网页制作的书，把自己关在办公室，连续3天废寝忘食地学习。第四天，老总出差回来，小王交上了一个自己精心设计的网页。当老总问他，是那个外援的杰作吗，他便把事情原原本本地说了一下，老总立刻对他竖起了大拇指，还夸他是一个很有发展前途的年轻人。

可见，我们不应总是惧怕压力，适当的压力反而会让我们更好地发挥潜力。如果每天都给自己一点压力，你就会感觉到自己的重要性，发挥出更多的潜力。正如一位哲人说过，你要求得越少，那么你得到的也越少。

利用敌手"叮"上自己，让你变得更加强大

马由慢跑到快跑是由于马蝇的叮咬，那么，我们个人的发展由弱到强需要什么来"叮咬"呢？事实证明，在有竞争对手"叮咬"的时候，人往往能保持旺盛的势头，最终让自己壮大起来，加速前进。

在北方某大城市里，诸多电器经销商经过明争暗斗的激烈市场较量，在彼此付出了很大的代价后，有赵、王两大商家脱颖而出，他们彼此又成为最强硬的竞争对手。

这一年，赵为了增强市场竞争力，采取了极度扩张的经营策略，大量地收购、兼并各类小企业，并在各市县发展连锁店，但由于实际操作中有所失误，造成信贷资金比例过大，经营包袱过重，其市场销售业绩反倒直线下降。

这时，许多业内外人士纷纷提醒王说，这是主动出击，一举彻底击败对手赵，进而独占该市电器市场的最好商机。王却微微一笑，始终不采纳众人提出的建议。

在赵最危难的时机，王却出人意料地主动伸出援手，拆借资金帮助赵涉险过关。最终，赵的经营状况日趋好转，并一直给王的经营施加着压力，迫使王时刻面对着这一强有力的竞争对手。

有很多人曾嘲笑王的心慈手软，说他是养虎为患。可王却丝毫没有后悔之意，只是弹精竭虑，四处招纳人才，并以多种方式调动手下的人拼搏进取，一刻也不敢懈怠。

就这样，王和赵在激烈的市场竞争中，既是朋友又是对手，彼此绞尽脑汁地较量，双方各有损失，但各自的收获也都很大。多年后，王和赵都成了当地赫赫有名的商业巨子。

面对事业如日中天的王，当记者提及他当年的"非常之举"时，王一脸的平淡：击倒一个对手有时候很简单，但没有对手的竞争又是乏味的。企业能够发展壮大，应该感谢对手时时施加的压力，正是这些压力化为想方设法战胜困难的动力，进而让我们在残酷的市场竞争中，始终保持着一种危机感。

没错，人生需要一定的"激发"，就好比著名的钱塘大潮，至柔至弱的水，一经激发，便能产生"白马千群浪涌，银山万迭天高"的蔚蔚壮观的景象。

事实上，人皆有惰性，如果没有外力的刺激或震荡，许多人都会四平八稳、舒舒服服、得过且过、无声无息地走完平庸的人生之旅，可是偏偏人生多蹇，世事难料，给人带来种种困窘，也带来种种激励。朋友反目，爱人变心，事业上不顺心，都可能成为一种精神动力源，激发人们调动潜能，干出一番事业，改变自己的人生轨迹。

例如，苏秦一事无成时，屡受父母、妻、嫂的白眼，于是发愤图强，悬梁刺股，夜以继日，废寝忘食，终成一代名士，挂六国相印，显赫一时，威震天下。蒲松龄虽满腹经纶，却屡试不中，穷困潦倒，愤而激励自己著书立说，以毕生心血学识凝成《聊斋志异》，自己也跻身文学巨匠行列，成为千古名人。

所以，想成功，我们就要学会主动接受外在的激励，化压力为动力，以使我们的心智力量得到最大限度的发挥，使我们的人生变得更加瑰丽雄奇。

波特法则：有独特的定位，才会有独特的成功

不求第一，但求独特

被誉为"竞争战略之父"的哈佛商学院教授迈克尔·波特曾说："不要把竞争仅仅看作是争夺行业的第一名，完美的竞争战略是创造出企业的独特性——让它在这一行业内无法被复制。"

由其提出的波特法则指出，防止完全竞争最为有效的途径之一，就是要从根本上阻止战斗的发生。要做到这一点，对自己的产品就必须有独特的定位，自己的竞争策略就要有独到之处。这方面，比尔·盖茨为我们做了一个非常成功的例子。

几年前的某一天，比尔·盖茨从其西雅图总部附近的一家餐馆走出来，一个无家可归者拦住他要钱。给点钱自然是小事一桩，但接下来的事却令见多识广的比尔·盖茨也目瞪口呆——流浪汉主动提供了自己的网址，那是西雅图一个庇护所在互联网上建立的地址，以帮助无家可归者。

"简直难以置信，"事后盖茨感慨道，"Internet 是很大，但没想到无家可归者也能找到那里。"

今天，比尔·盖茨的微软给互联网带来了统一的标准，也带来了前所未有的垄断。其视窗（Windows）操作系统几乎已成为进入互联网的必由之路，全世界各地的个人电脑中，92% 在

运用 Windows 软件系统。更值得一提的是，过去两年来，微软共投资及收购了 37 家公司，表面看起来好像是一种随心所欲的资本扩张行为，但只要把这 37 家公司排在一起分门别类，立刻就会令人大惊失色！因为这 37 家公司所代表的竟然是网络经济的 3 大命脉：互联网络信息基础平台，互联网络商业服务，互联网络信息终端。微软不仅统治了现在的个人电脑时代，而且已经开始着手统治未来的网络时代！难怪美国司法部要引用反垄断法控告微软。

但比尔·盖茨从容地说："微软只占整个软件业的 4%，怎么能算垄断呢？"

盖茨的话也自有他的道理，因为软件的形态与工业时代的规模和产品建立的垄断已有明显区别。实际上，微软已不仅仅是单纯的垄断，只有"霸权"才能更确切地描述微软的真实。因为操作系统是整个电脑业的基础，微软以核心产品的垄断获得了对整个软件行业的霸权，使得垄断操作"稀释"和掩饰在更大范围的霸权之中，与单纯的数量份额和比例等有关垄断的硬性指标已无明显关系。

这种软件业的霸权是一种独特的霸权，是知识的霸权，创新的霸权，更是盖茨在竞争中的独特的定位。

所以，要想在激烈的竞争中立于不败之地，你可以不求第一，但你一定要求独特。

一只脚不能同时踏入两条河流

哲学上有一个公认的观点是"一只脚不能同时踏入两条河流"，其实，竞争中所采取的决策亦是如此，如果有真正的决策，就不能同时选择两条道路。在战略上面，决策就像岔路，你选择了一条路，那就意味着你不可能同时选择另外一条路。

下面，我们就以美国奋进汽车租赁公司为例来谈谈这个问题：

奋进是美国赫赫有名的汽车租赁公司，然而，你若去有一定规模的机场租车区，一定能够看到赫斯汽车租赁公司和爱维斯汽车租赁公司的柜台，也可以看到很多小汽车租赁公司的柜台，却看不到奋进公司的柜台。更令人费解的是，奋进公司的租金要比对手低 30% 左右，但总是比其他更有名气的竞争对手获得更多利润。

原来，与爱维斯汽车租赁公司和赫斯汽车租赁公司将自己的客户定位于飞行旅游者不同，奋进汽车租赁公司将服务对象定位于那些还没有买到自己汽车的人。对于这些客户来说，如果需要自己支付租金，价格就是一个重要的考虑因素，而且他们肯定还要考虑保险公司是否会理赔。奋进汽车租赁公司就有意识地裁减各种客户不愿意付费的项目和可能增加的成本，包括做广告的费用。

就这样，奋进汽车租赁公司始终如一地坚持这一策略，尽管客户付费较少，但他们节省的开支大大超过了收费低廉而造成的损失，而且在业内总能成为赢家。

可见，在竞争中选择一个独特的策略，并始终坚持这一个方向，才能成为行业真正的、持久的赢家。

与之类似，戴尔电脑公司在 1989 年的经营模式改革中也体会到了这一点。当时，戴尔感到自己的直销模式发展得不够快，就试图通过代理商来销售。可是，当他们发现这种转变给公司业绩带来损害的时候，就马上取消了这种做法。问题在于，如果你同时选择两条道路，别人也会这么做。所以，你要选择一条自己最擅长的、具有独特定位的方式坚持下去。这样，你的差异化道路就会具有持续的力量，使对手无法打败你。否则，你只会表现平平。

学会了这些，你在具体制作竞争策略的时候，就应该懂得不能让自己的"一只脚同时踏入两条河"的简单道理了。

权变理论：随具体情境而变，依具体情况而定

计划没有变化快

在竞争中，我们总喜欢说不要打无准备之仗，事前一定要做好计划和安排。计划代表了目标，代表了充实，代表了憧憬，代表了一种对自己的承诺，因为"计划"会让我们知道下一步该做什么。

然而，"一切尽在掌握之中"固然是好，但我们也无法排除"计划外"的可能，正所谓计划没有变化快。

东汉末年，曹操征伐张绣。有一天，曹军突然退兵而去。张绣非常高兴，立刻带兵追击曹操。这时，他的谋士贾诩建议道："不要去追，追的话肯定要吃败仗。"张绣觉得贾诩的意见很好笑，根本不予采纳，便领兵去与曹军交战，结果大败而归。

谁料，贾诩见张绣败仗回来，反而劝张绣说赶快再去追击。张绣心有余悸又满脸疑惑地问："先前没有采用您的意见，以至于到这种地步。如今已经失败，怎么又要追呢？""战斗形势起了变化，赶紧追击必能得胜。"贾诩答道。由于一开始败仗的教训，张绣这次听从了贾诩的意见，连忙聚集败兵前去追击。果然如贾诩所言，这次张绣大胜而归。

回来后，张绣好奇地问贾诩："我先用精兵追赶撤退的曹军，而您说肯定要失败；我败退后用败兵去袭击刚打了胜仗的曹军，而您说必定取胜。事实完全像您所预言的，为什么会精兵失败，败兵得胜呢？"

贾诩立刻答道："很简单，您虽然善于用兵，但不是曹操的对手。曹军刚撤退时，曹操必亲自压阵，我们追兵即使精锐，但仍不是曹军的对手，故被打败。曹操先前在进攻您的时候没有发生任何差错，却突然退兵了，肯定是国内发生了什么事，打败您

的追兵后，必然是轻装快速前进，仅留下一些将领在后面掩护，但他们根本不是您的对手，所以您用败兵也能打胜他们。"

张绣听了，十分佩服贾诩的智慧。

在这次战役中，局势变幻无常，而这些无常，却决定了最终的胜与败。现实的竞争世界中，亦是如此，没有谁能在今天就断定明天一定会怎么样，事情的发展都具有一定的未知因素。

贾诩那番充满智慧的话，实际就是论述了一种"因机而立胜"的权变战略思想。这种理论告诉我们，组织是社会大系统中的一个开放型的子系统，是受环境影响的，我们必须根据组织的处境和作用，采取相应的措施，才能保持对环境的最佳适应。

那么，在激烈的竞争中，不要执着于某种外在的形式，不要完全拘泥于事先的精心计划，在事情发展过程中的计划外因素往往更加具有影响力。

以变应变，才能赢得精彩

毫不夸张地说，我们已经进入了竞争时代，一切都充满了变数。就拿大家熟悉的股市来说，几秒钟内的上下颠覆，可能把你送上云端，也可能把你推入地狱。对此，一定要树立权变的思想，善变才能赢。

《猫和老鼠》的经典动画片大家应该记忆犹新，为什么每次小杰瑞总能逃过汤姆的厉爪，还让汤姆吃尽了苦头？汤姆即使绞尽脑汁、费尽力气，为何最终仍然一无所获？这一切都是因为，小杰瑞对汤姆的一举一动，甚至一个呼吸、一个喷嚏、一个微笑的变化，都有不同的应对手段。

在商业竞争中，善变的思想同样必要。

中国布鞋曾一度在秘鲁打开销售大门，当地一家公司每月可销售中国布鞋6万多双。

　　不料，秘鲁当局颁布了一项法令：禁止纺织品和鞋子进口。这一突如其来的变化，使中国布鞋在秘鲁的销售大门被关闭了。

　　陷入困境的中国商人并没有坐以待毙，经过分析，他们发现秘鲁并没有禁止进口制鞋设备及布鞋面。于是，他们转变策略，决定出口制鞋设备和布鞋面，在秘鲁当地加工布鞋。布鞋面既不算成品布鞋，也不属于纺织品，不受禁令制约。

　　后来，中国布鞋又重新在秘鲁占有了一定的市场份额。

　　正如《孙子兵法》所言："夫兵形象水，水之形避高而趋下，兵之形避实而击虚。水因地而制流，兵因敌而制胜。故兵无常势，水无常形，能因敌变化而取胜者谓之神。"意思是用兵打仗，好像地下的流水那样没有固定刻板的规律，没有一成不变的打法，能采取敌变我变而取胜的，就叫用兵如神了。

　　某省一家出售冷冻鸡肉的食品公司，由于竞争激烈，冷冻鸡肉销售一直不太景气。后来，该公司经过市场调研，发现顾客喜欢吃新鲜鸡肉，于是实施相应策略，改为凌晨3：00开始杀鸡，待去毛分割完毕恰好接近黎明。新鲜的鸡肉送到市场，生意一下子红火起来，公司利润持续上升，顾客也非常满意。

　　由此观之，善变之道在于灵敏地做出应变决策，抢占先机。没有这种能力，一个公司就会陷于故步自封的境地，一个人就会陷入墨守成规的套子。

　　竞争世界如同一只变色龙，变化的发生有时是没有什么明显的先兆的，我们往往也无法预知，"翻手为云，覆手为雨"，常常让我们措手不及。因此，每走一步棋，我们既要紧跟时机，又要学会思考，以变应变，才能赢得精彩。

达维多定律：及时淘汰，不断创新

做第一个吃螃蟹的人

不难看出，达维多定律为我们揭示了如何在竞争中取得成功的真谛。这也正是诸多成功实例所验证的——要做第一个吃螃蟹的人。

日本企业界知名人士曾提出过这样一个口号："做别人不做的事情。"瑞典有位精明的商人开办了一家"填空档公司"，专门生产、销售在市场上断档脱销的商品，做独门生意。德国有一个"怪缺商店"，经营的商品在市场上很难买到，例如大个手指头的手套，缺一只袖子的上衣，驼背者需要的睡衣等等。因为是填空档，一段时间内就不会有竞争对手。

其实，即使在人们熟知的行业里，仍然会有许多的创新点，关键是你要能够察觉得到。

有段时间，国外很多啤酒商发现，要想打开比利时首都布鲁塞尔的市场非常困难。于是就有人向畅销比利时国内的某名牌酒厂家取经。这家叫"哈罗"的啤酒厂位于布鲁塞尔东郊，无论是厂房建筑还是车间生产设备都没有很特别的地方。但该厂的销售总监林达是轰动欧洲的策划人员，由他策划的啤酒文化节曾经在欧洲多个国家盛行。当有人问林达是怎么做"哈罗"啤酒的销售时，他显得非常得意且自信。林达说，自己和哈罗啤酒的成长经历一样，从默默无闻开始到轰动半个世界。

林达刚到这个厂时是个还不满 25 岁的小伙子，那时候他有些发愁自己找不到对象，因为他相貌平平且贫穷。但他还是看上厂里一个很优秀的女孩，当他在情人节给她偷偷地送花时，那个女孩伤害了他，她说："我不会看上一个普通得像你这样的男人。"于是林达决定做些不普通的事情，但什么是不普通的事情呢？林达还没有仔细想过。

那时的哈罗啤酒厂正一年一年地减产，因为销售不景气而没有钱在电视或者报纸上做广告，这样便开始恶性循环。做销售员的林达多次建议厂长到电视台做一次演讲或者广告，都被厂长拒绝。林达决定冒险做自己"想要做的事情"，于是他贷款承包了厂里的销售工作，正当他为怎样去做一个最省钱的广告而发愁时，他徘徊到了布鲁塞尔市中心的于连广场。这天正是感恩节，虽然已是深夜了，广场上还有很多狂欢的人们，广场中心撒尿的男孩铜像就是因挽救城市而闻名于世的小英雄于连。当然铜像撒出的"尿"是自来水。广场上一群调皮的孩子用自己喝空的矿泉水瓶子去接铜像里"尿"出的自来水来泼洒对方，他们的调皮启发了林达的灵感。

第二天，路过广场的人们发现于连的尿变成了色泽金黄、泡沫泛起的"哈罗"啤酒。铜像旁边的大广告牌子上写着"哈罗啤酒免费品尝"的字样。一传十，十传百，全市老百姓都从家里拿自己的瓶子、杯子排成长队去接啤酒喝。电视台、报纸、广播电台争相报道，林达不掏一分钱就把哈罗啤酒的广告成功地做上了电视和报纸。该年度"哈罗"啤酒的销售量跃升为去年的1.8倍。

林达成了闻名布鲁塞尔的销售专家，这就是他的经验：做别人没有做过的事情。

不得不承认，如果只懂得沿着别人的路走，即使能取得一点进步，也不易超越他人；只有做别人没有做过的事情，创造一条属于自己的路，才有可能把他人甩在你身后。

万事源于想，创新从转变思维开始

一个犹太商人用价值50万美元的股票和债券做抵押向纽约一家银行申请1美元的贷款。乍一看，似乎让人不可思议。但看完之后才发现，原来那位犹太商人申请1美元贷款的真正目的是为了让银行替他保存巨额的股票与债券。按照常规，像有价证券等贵重物品应存放在银行金库的保险柜中，但是犹太商人却悖于常理通过抵押贷款的办法轻松地解决了问题，为此他省去了昂贵的保险柜租金而每年只需要付出6美分的贷款利息。

这位犹太商人的聪明才智实在令人折服。其实，我们身上也蕴藏着创新的禀赋，但我们总是漠视自己的潜能。你的思维已经习惯了循规蹈矩，只要你愿意改变一下自己的思维方式，多进行一些发散思维和逆向思维，激活自己的创新因子，你周围的一切，都有可能成为你创新思维的对象。

众所周知，闹钟在传统上的作用只是"催醒"。然而，英国一家钟表公司在此基础上，又增添了一种与此矛盾的"催眠"功能。这种"催眠闹钟"既能发出悦耳动听的圣诗合唱和鸟语声，催人醒来；又能发出柔和舒适的海浪轻轻拍岩声和江河缓缓流水声，催人入眠。使用者可以"各取所需"，这种新颖独特的闹钟深得失眠者的宠爱。

再有，某大城市的市场上曾出现过一种具有特殊功能的拖鞋。这种居室内穿的拖鞋底上装有圆圈状的纱线，能牢牢抓住地板或地砖上的灰尘、头发等污染物。人们穿上这种特殊拖鞋，边走路，边擦地，走到哪里，就清洁到哪里，既走出了"实惠"，又轻松自如。而且，这种拖鞋的洗涤也很方便，穿脏了放入洗衣机内便可清洗干净。这种"擦地拖鞋"卖疯了，其成功之处在于它体现了一种创新思维，也正是这种思维，为创新者带来了巨大的收益。

在竞争过程中，很多人被对手"吃掉"，其重要原因往往是遇事先考虑大家都怎么干、大家都怎么说，不敢突破人云亦云的求同思维方式。讨论一件事情时，总喜欢"一致同意""全体通过"，这种观念的后面常常隐藏着"从众定式"的盲目性，不利于个人独立思考，不利于独辟蹊径，常常会约束人的创新意识，如果一味地考虑多数，个人就不愿开动脑筋，事业也就不可能获得成功。

一位成功的企业家说："一项新事业，在10个人当中，有一两个人赞成就可以开始了；有5个人赞成时，就已经迟了一步；

如果有七八个人赞成，那就太晚了。"

【定律链接】切勿得不偿失

在这个变革的时代，怕的就是你不变。然而，这里的变不是乱变，不是无原则的变，而是有方向地变；不是倒退的变，也不是"30年河东、30年河西"的转圈变，而是向前发展的变。否则，你的创新之路走错时，结果只会得不偿失。

1978年，可口可乐公司起用布莱恩·戴森为其美国分公司经理，戴森试图突破传统，尝试一种新的软饮料——节食可口可乐。

1981年春，为了迎战自己的强劲对手百事可乐，在新任少壮派领导人戈伊祖艾塔的支持下，戴森开始组织实施节食可口可乐的研究。这项计划被称为"哈佛计划"。次年8月份，节食可口可乐在全国推出，并以较大的销售额迅速占领了市场，百事可乐受到极大的冲击。

然而就在这个时候，公司出现了重大失误。

1985年4月，戈伊祖艾塔向媒体宣布，公司决定对可乐配方进行修改，生产一种新可口可乐，以挽回因甜度不够而失去的市场。

新可口可乐上市，在饮料市场上引起轩然大波。来自老顾客的抗议电报和信件像雪片一样飞往可口可乐总部。亚特兰大总部的接线员们每天要记录1500个电话，几乎都是要求恢复老可口可乐配方的。修改还是恢复"7X"配方的论战成为报纸的头条新闻和电视新闻报道的新话题。包装商们声称，如果这种不利的宣传继续下去，可口可乐无论以何种名称出现，都会面临失去市场份额的危险，有可能在一夜之间就被百事可乐夺去市场，再想收复失地将会非常困难。

可口可乐咬着牙支持了3个月后，不得不再次宣布公司将恢复原配方，命名为经典可口可乐，新可口可乐也将继续销售。在重新问世之后6个月，经典可口可乐又成为全国第一位的软饮料，以将近3:1的优势超过了新可口可乐。

任何产品不可能一成不变，都会在不断改进中适应市场。问题在于该不该公开宣布这种改进，这其中有很大的技巧。顾客的心理都有一种信任惯性，尽管各种试验都表明新可乐的口味并不错，但消费者只想维持正宗真品的信誉，抗拒接受新可乐。

尽管可口可乐公司迅速挽回了因修改配方的失误所造成的损失，但在新产品的开发中又出现了失误。

可口可乐在不到一年的时间内连续推出4种新产品：3种含咖啡因型可乐和节食可口可乐，再加上经典可口可乐、新可口可乐等，共有8种不同口味的新产品，同时出现在市场上。

消费者们几乎被弄晕了头，就连可口可乐的一些老顾客对它也不耐烦。

有这样一段对话，颇耐人寻味：

"给我一杯可口可乐。"

"您要经典可口可乐、新可口可乐、樱桃可口可乐，还是要健怡可口可乐？"

"请给我来杯健怡可口可乐。"

"您要普通健怡可口可乐还是要不含咖啡因的健怡可口可乐？"

"去他妈的！给我一杯七喜。"

虽然我们不能老是守着传统思想，但革新的步伐也要三思而后行，且勿得不偿失。创新是为了迎合新观念、新社会，而不是强行改变人们固有的生活方式。

儒佛尔定律：有效预测，才能英明决策

预测有效才能决策英明

在做任何事之前，你都要面对选择和判断。人生就是在不断地选择和判断中度过的，如果你选择了正确的道路，那么你的人生可能会一帆风顺、飞黄腾达；如果你判断失误而入了歧途，那么你这一生可能就只能与噩梦相伴。选择和判断，对于你的人生就是这么重要。

　　如何才能做好选择和判断呢？特别是在这个"信息爆炸"的时代，各种各样的道路、方向、方式、经历、指导放在你的面前，经常让人不知所措，只有选择好了，判断好了，才会有好的结果。所以，在众多信息中抽出适合自己的信息，这个环节就显得非常重要。如何才能众里寻他一下命中呢？这就需要极强的预测能力。在这个极具机遇性的商业社会里，预测能力尤为重要。往往一个不起眼的信息，就能给你带来极大的灵感，抓住了这个商机，你就可能一夜暴富。所以，有效的预测对于一个竞争者来说，是最重要的能力。

　　市场变化多端，信息浩渺如洋，如何从这信息的汪洋大海中捞出属于自己的商机？只有靠预测！一个成功的企业家能从繁复的信息中预测出未来市场的走向，并马上将其转化为决策的行动。信息也有价值，只要你利用得好，转眼间就能将其变成大把的钞票。竞争者在做决策前，都要对市场的形势做一下评估和预测，运筹帷幄才能旗开得胜。如果对市场的一切都不熟悉，不提前做出一个精确的预测就妄下决定，那么你肯定会在商战中死得很惨。商场如战场，竞争的残酷性让决策者一步也不能走错。

　　精明的预测是成功决策的前提，所以一个企业要发展，要提高经济效益，决策者就必须对国内外经济态势和市场要求有所了解，对与生产流通有关的各个环节非常熟悉，掌握各方面的最新最可靠的信息，找出最有利于企业发展的信息加以利用，这样才能使企业时刻走在时代的前沿，跟得上时代的发展。

　　1973年，爆发了全球性石油危机。美国通用、福特，日本丰田等汽车公司，由于决策者提前预测到汽车市场的变化趋势，就见机设计生产了大批油耗量低的小型汽车，以备市场骤变之需。果然，1978年全球性石油危机再次爆发时，这几个汽车公司的营业额都未受影响甚至还有所增加。而美国的 K 公司，却因为没有预测到市场的变化，在第一次全球性石油危机时，没有做出任何反应和举措，继续生产耗油量高的大型车。结果导致石油危机再次爆发时，无以应对，公司销量锐减，积货如山，每日损失高达 200 万美元，最后濒临破产。这就是有预测能力和无预测能力的差别。

在这个竞争如此激烈的市场中，决策者必须要有敏锐的眼光，做到审时度势，这样才能在企业之林中立于不败之地。

与之类似，诸葛亮火烧赤壁靠的是什么，靠的就是预测；一个智囊、军师、元帅靠的不是勇而是智，这智就是预测，就是判断。

当然，预测也离不开知识和经验，预测是在知识、经验的基础上做出来的。而决策又是在预测的基础上做出来的。所以，竞争者不能没有知识、没有经验，更不能没有预测能力。

对自己的未来，对形势的发展，对市场的变化，都要有先见之明，这样才能成为一个容易获得胜算的竞争者。没有有效的预测，就不会有英明的决策，这个道理放在哪里都适用。

善于预测，成就霸业

只有善于预测的人，才能做出成功的决策，决策的成功便预示着事业的辉煌。无论是在历史中还是在现实中，都有很多这样的例子。

春秋时期的范蠡，可以说是历史上一位很强的预测家。他对战机，对自己的命运，对商机，对儿子的命运都有很精确的预测。当吴王阖闾为越军所伤致死后，阖闾之子夫差谨记父仇，三年日夜练兵以报越仇，勾践欲提前下手先攻吴。范蠡认为不可，奈何勾践不听，结果越军大败，几近为吴所灭。后来，勾践卧薪尝胆以俟时机灭吴自强，每次有点机会的苗头时，他都会先问范蠡，直到范蠡说可以才动手伐吴。结果，果真胜了。后来，勾践灭了吴。范蠡深知勾践的为人，已料到自己今后的命运，遂留书一封于文种，自己离开了越国。信上写着的正是现在非常知名的"飞鸟尽，良弓藏；狡兔死，走狗烹"。范蠡走了，成了流芳百世的陶朱公；而文种未走，则成了勾践剑下的冤死鬼。

这就是有无预测能力的差别。范蠡的预测力，还体现在"居无几何，致产数十万"上，体现在"久受尊名，不详"上，体现在"吾固知必杀其弟也"上。他因为对人、对事的洞察，所以能够精确地预测到事态的发展方向，因而总能做出正确的决定。这也是为什么他到哪里都能很出名，做什么都很成功的原因。

作为当今的竞争者，更要有洞察古今、预测未来的能力，要不然你只能等待着失败向你招手。现今香港的首富李嘉诚就是个很有预测能力的人。可以说，他能发家和他当年对市场做出正确的判断是分不开的。

20世纪50年代，初次创业的李嘉诚创办了名为"长江塑胶厂"的塑料玩具生产工厂。结果当时玩具市场已经饱和，工厂面临倒闭。就在李嘉诚一筹莫展的时候，他偶然在一份报纸上看到了一条消息，说当地一家小塑料厂将要制作塑料花销向欧洲。看到这个消息，李嘉诚骤然眼前一亮，马上想到了二战以来，欧美生活水平虽有所提高，但经济上却还没有种植草皮和鲜花的实力，因此塑料花必定会成为很好的替代品，被他们大量使用于装饰各种场合。这是个很大的需求市场，也是个很好的商机，于是李嘉诚马上决定企业转产生产塑料花，而正是这些塑料花，成就了今天的李嘉诚。

试想，如果当时李嘉诚没有看到这条信息，或者看到后也没有意识到信息背后隐藏的巨大商机，那还会有今天的李嘉诚吗？这确实很难说。只能说是这条信息造就了他，而他自己的预测能力成就了他。

李强和张勇同时受雇于一家超市，一样从底层干起。可不久后，两人的身份地位就大不一样了。李强由于受老总器重，职位是一升再升，直到部门经理；而张勇却像"被遗忘的角落"，仍然处于底层。为什么会有这么巨大的差别呢？原来正是因为李强每次做事时都有很强的预测能力，老板交代一件事，他能想到老板接下来会交代的一切可能的事情，因此把每件事都做得非常完美，让老板对他另眼相看，十分喜欢。而张勇，就没有什么预测能力，老板交代什么就做什么，只做老板交代的，根本不懂得灵活变通、思考老板交代的事情的深层含义，因此他只能处在底层。

所以说，我们不要羡慕别人的成功，要看到别人的优点，学习别人的优点。预测能力，是成功者必备的能力，无论是对生活还是对事业。只有拥有很强的预测能力，才能干出一番事业，成就你的霸业。

第三章　人际关系学定律

首因效应：先入为主的第一印象

从破格录用想到的

《三国演义》中，凤雏庞统起初准备效力东吴，于是去面见孙权。孙权见庞统相貌丑陋、傲慢不羁，无论鲁肃怎样苦言相劝，最后，还是将这位与诸葛亮比肩齐名的奇才拒于门外。为什么会这样呢？是庞统无能，还是孙权根本不需要帮手呢？其实，造成这样的后果仅仅是因为庞统没能给孙权留下良好的"第一印象"。

如今，大家都认为工作不好找，尤其是刚毕业的人。其实，如果把握好求职时的第一印象，效果往往会出乎意料。

一个新闻系的毕业生正急于找工作。一天，他到某报社对总编说："你们需要一个编辑吗？"

"不需要！"

"那么记者呢？"

"不需要！"

"那么排字工人、校对呢？"

"不，我们现在什么空缺也没有了。"

"那么，你们一定需要这个东西。"说着他从公文包中拿出一块精致的小牌子，上面写着"额满，暂不雇用"。总编看了看牌子，微笑着点了点头，说："如果你愿意，可以到我们广告部工作。"

这个大学生通过自己制作的牌子，表现了自己的机智和乐观，给总编留下了良好的"第一印象"，引起对方极大的兴趣，从而为自己赢得了一份满意的工作。这也是为什么当我们进入一个新环境，参加面试，或与某人第一次打交道的时候，常常会听到这样的忠告："要注意你给别人的第一印象噢！"

也许你会好奇，第一印象真的有那么重要，以至于在今后很长时间内都会影响别人对你的看法吗？心理学家曾做了这样一个实验：

心理学家设计了两段文字，描写一个叫吉姆的男孩一天的活动。其中，一段将吉姆描写成一个活泼外向的人：他与朋友一起上学，与熟人聊天，与刚认识不久的女孩打招呼等；另一段则将他描写成一个内向的人。

研究者让一些人先阅读描写吉姆外向的文字，再阅读描写他内向的文字；而让另一些人先阅读描写吉姆内向的文字，后阅读描写他外向的文字，然后请所有的人都来评价吉姆的性格特征。

结果，先阅读外向文字的人中，有78%的人评价吉姆热情外向；而先阅读内向文字的人中，则只有18%的人认为吉姆热情外向。

由此可见，第一印象真的很重要！事实上，人们对你形成的某种第一印象，往往日后也很难改变。而且，人们还会寻找更多的理由去支持这种印象。有的时候，尽管你的表现并不符合原先留给别人的印象，但人们在很长一段时间里仍然要坚持对你的最初评价。例如，一对结婚多年的夫妻，最清晰难忘的，是初次相逢的情景，在什么地方，什么情景，站的姿势，开口说的第一句话，甚至窘态和可笑的样子都记得清清楚楚，终生难忘。

成功打造第一印象，占据他人心中有利地形

了解了第一印象的重要性，现在我们来谈谈应该怎样给人留下良好的第一印象。

通常，第一印象包括谈吐、相貌、服饰、举止、神态，对于感知者来说都是新的信息，它对感官的刺激也比较强烈，有一种新鲜感。这好比在一张白纸上，第一笔抹上的色彩总是十分清晰、深刻一样。随着后来接触的增加，各种基本相同的信息的刺激，也往往盖不住初次印象的鲜明性。所以，第一印象的客观重要性还是显而易见的，并在以后交往中起了"心理定式"作用。

如果你与人初次见面就不言不语、反应缓慢，给人的第一印象基本就是呆板、虚伪、不热情，对方就可能不愿意继续了解你，即使你尚有许多优点，也不会被人接受；而如果你给人留下的第一印象是风趣、直率、热情，即使你身上尚有一些缺点，对方也会用自己最初捕捉的印象帮你掩饰短处。

一般来说，想给他人留下良好的第一印象，必须要牢记以下5点：

1. 显露自信和朝气蓬勃的精神面貌

自信是人们对自己的才干、能力、个人修养、文化水平、健康状况、相貌等的一种自我认同和自我肯定。一个人要是走路时步伐坚定，与人交谈时谈吐得体，说话时双目有神，目光正视对方，善于运用眼神交流，就会给人以自信、可靠、积极向上的感觉。

2. 讲信用，守时间

现代社会，人们对时间愈来愈重视，往往把不守时和不守信用联系在一起。若你第一次与人见面就迟到，可能会造成难以弥补的损失，最好避免。

3. 仪表、举止得体

脱俗的仪表、高雅的举止、和蔼可亲的态度等是个人品格修养的重要部分。在一个新环境里，别人对你还不完全了解，过分随便有可能引起误解，产生不良的第一印象。当然，仪表得体并不是非要用名牌服饰包装自己，更不是过分地修饰，因为这样反而会给人一种轻浮浅薄的印象。

4. 微笑待人，不卑不亢

第一次见面，热情地握手、微笑、点头问好，都是人们把友好的情意传递给对方的途径。在社会生活中，微笑已成为典型的人性特征，有助于人们之间的交往和友谊。但与别人第一次见面，笑要有度，不停地笑有失庄重；言行举止也要注意交际的场合，过度的亲昵举动，难免有轻浮油滑之嫌，尤其是对有一定社会地位的朋友，不应表露巴结讨好的意思。趋炎附势的行为不仅会引起当事人的蔑视，连在场的其他人也会瞧不起你。

5. 言行举止讲究文明礼貌

语言表达要简明扼要，不乱用词语；别人讲话时，要专心地倾听，态度谦虚，不随便打断；在听的过程中，要善于通过身体语言和话语给对方以必要的反馈；不追问自己不必知道或别人不想回答的事情，以免给人留下不好的印象。

刺猬法则：与人相处，距离产生美

我们都需要一定的"距离"

生物学家曾做过一个实验：冬季的一天，把10多只刺猬放到户外空地上。这些刺猬被冻得浑身发抖，为了取暖紧紧地靠在一起，而相互靠拢后，它们身上的长刺又把同伴刺疼，很快就分开了。但寒冷又迫使大家再次围拢，疼痛又迫使大家再次分离。如此反复多次，它们终于找到了一个较佳的位置——保持一个忍受最轻微疼痛又能最大程度取暖御寒的距离。其实，人与人之间亦是如此，良好交际需要保持适当的距离。

下面，我们先来做一个小小的选择题：

你要坐公交车出去玩，上车后你发现只有最后一排还有5个座位，走在你前面的两个人，一个选了正中间的座位，一个选了最右侧靠窗子的座位。剩下3个座位中，一个在前两个人之间，两个在中间人与最左侧的窗户之间。这时，你会坐在哪里呢？

想必，你多半会选择最左侧窗户的座位，而不是紧挨着两个人中的任何一位坐下。不要好奇，这是因为人与人之间，也像前面讲的刺猬那样，彼此需要一定的距离。

这种距离，有时是环绕在人体四周的一个抽象范围，用眼睛没法看清它的界限，但它确确实实存在，而且不容他人侵犯。

例如，无论在拥挤的车厢里，还是电梯内，你都会在意他人与自己的距离。当别人过于接近你时，你可以通过调整自己的位置来逃避这种接近的不快感；但是空间里挤满了人无法改变时，你只好以对其他乘客漠不关心的态度来忍受心中的不快，所以看上去神态木然。

关于这方面，一位心理学家曾做过这样一个实验：

在一个刚刚开门的阅览室，当里面只有一位读者时，心理学家进去拿了把椅子，坐在那位读者的旁边。实验进行了整整80个人次。结果证明，在一个只有两位读者的空旷的阅览室里，没有一个被试者能够忍受一个陌生人紧挨自己坐下。当他坐在那些读者身边后，被试者不知道这是在做实验，很多人选择默默地远离到别处坐下，甚至还有人干脆明确表示："你想干什么？"

这个实验向我们证明了，任何一个人，都需要在自己的周围有一个自己可以把握的自我空间，如果这个自我空间被人触犯，就会感到不舒服、不安全，甚至恼怒起来。

所以，我们在现实生活中，在人际交往中，一定要把握适当的交往距离，就像前面互相取暖的刺猬那样，既互相关心，又有各自独立的空间。

交际中的距离学问

既然距离在人际交往中如此重要，那么，究竟保持多远的距离才合适呢？一般而言，交往双方的人际关系以及所处情境决定着相互间自我空间的范围。

美国人类学家爱德华·霍尔博士划分了4种区域或距离，各种距离都与双方的关系相称。

1. 亲密距离

所谓"亲密距离"，即我们常说的"亲密无间"，是人际交往中的最小间隔，其近范围在6英寸（约15厘米）之内，彼此间可能肌肤相触、耳鬓厮磨，以至相互能感受到对方的体温、气味和气息；其远范围是6~18英寸（15~44厘米），身体上的接触可能表现为挽臂执手，或促膝谈心，仍体现出亲密友好的人际关系。

这种亲密距离属于私下情境，只限于在情感联系上高度密切的人之间使用。在社交场合，大庭广众之下，两个人（尤其是异性）如此贴近，就不太雅观。在同性别的人之间，往往只限于贴心朋友，彼此十分熟识而随和，可以不拘小节，无话不谈；在异性之间，只限于夫妻和恋人之间。因此，在人际交往中，一个不属于这个亲密距离圈子内的人随意闯入这一空间，不管他的用心如何，都是不礼貌的，会引起对方的反感，也会自讨没趣。

2. 个人距离

这是人际间隔上稍有分寸感的距离，较少有直接的身体接触。个人距离的近范围为1.5~2.5英尺（46~76厘米），正好能相互亲切握手，友好交谈。这是与熟人交往的空间，陌生人进入这个范围会构成对别人的侵犯。个人距离的远范围是2.5~4

英尺（76~122厘米），任何朋友和熟人都可以自由地进入这个空间。不过，在通常情况下，较为融洽的熟人之间交往时保持的距离更靠近远范围的近距离（2.5英尺）一端，而陌生人之间谈话则更靠近远范围的远距离（4英尺）一端。

人际交往中，亲密距离与个人距离通常都是在非正式社交情境中使用，在正式社交场合则使用社交距离。

3.社交距离

这个距离已超出了亲密或熟人的人际关系，而是体现出一种社交性或礼节上的较正式关系。其近范围为4~7英尺（1.2~2.1米），一般在工作环境和社交聚会上，人们都保持这种程度的距离；社交距离的远范围为7~12英尺（2.1~3.7米），表现为一种更加正式的交往关系。

例如，公司的经理们常用一个大而宽阔的办公桌，并将来访者的座位放在离桌子一段距离的地方，这就是为了与来访者谈话时能保持一定的距离。还有，企业或国家领导人之间的谈判、工作招聘时的面谈、教授和大学生的论文答辩等，往往都要隔一张桌子或保持一定距离，这样就增加了一种庄重的气氛。

4.公众距离

通常，这个距离指公开演说时演说者与听众所保持的距离。其近范围为12~25英尺（约3.7~7.6米），远范围在25英尺之外。这是一个几乎能容纳一切人的"门户开放"的空间，人们完全可以对处于空间内的其他人"视而不见"、不予交往，因为相互之间未必发生一定联系。因此，这个空间的活动，大多是当众演讲之类，当演讲者试图与一个特定的听众谈话时，他必须走下讲台，使两个人的距离缩短为个人距离或社交距离，才能够实现有效沟通。

当然了，人际交往的空间距离不是固定不变的，它具有一定的伸缩性，这依赖于具体情境、交谈双方的关系、社会地位、文化背景、性格特征、心境等。

了解了交往中人们所需的自我空间及适当的交往距离，我们就能够有意识地选择与人交往的最佳距离；而且，通过空间距离的信息，还可以很好地了解一个人的实际社会地位、性格以及人们之间的相互关系，更好地进行人际交往。

投射效应：人心各不同，不要以己度人

为何会有"以小人之心，度君子之腹"的心结

宋代著名学者苏东坡和佛印和尚是好朋友，一天，苏东坡去拜访佛印，与佛印相对而坐，苏东坡对佛印开玩笑说："我看你是一堆狗屎。"而佛印则微笑着说："我看你是一尊金佛。"苏东坡觉得自己占了便宜，很是得意。回家以后，苏东坡得意地向妹妹提起这件事，苏小妹说："哥哥你错了。佛家说'佛心自现'，你看别人是什么，就表示你看自己是什么。"

也许你会一笑而过，但苏小妹的话确实是有道理的。

你可能要问苏小妹的话为何有道理。从心理学角度，她正好指出了人喜欢把自己的想法投射到他人身上的投射效应。俗语说的"以小人之心，度君子之腹"心结，讲的就是小人总喜欢用自己卑劣的心意去猜测品行高尚的人。

与之类似，曾有这样一个有趣的笑话：

一天晚上，在漆黑偏僻的公路上，一个年轻人的汽车抛了锚——汽车轮胎爆炸了。

年轻人下来翻遍了工具箱，也没有找到千斤顶。怎么办？这条路很长时间都不会有车子经过。他远远望见一座亮灯的房子，决定去那户人家借千斤顶。可是他又有许多担心，在路上，他不停地想：

"要是没有人来开门怎么办？"

"要是没有千斤顶怎么办？"

"要是那家伙有千斤顶，却不肯借给我，该怎么办？"

……

顺着这种思路想下去，他越想越生气。当走到那间房子前，敲开门，主人一出来，他冲着人家劈头就是一句："你那千斤顶有什么稀罕的！"

主人一下子被弄得丈二和尚摸不着头脑，以为来的是个精神病人，就"砰"的一声把门关上了。

笑声中我们不难发现，这个年轻人，错就错在把自己的想法投射到了主人的身上。

在人际交往中，认识和评价别人的时候，我们常常免不了要受自身特点的影响，我们总会不由自主地以自己的想法去推测别人的想法，觉得既然我们这么想，别人肯定也这么想。例如，贪婪的人，总是认为别人也都嗜钱如命；自己经常说谎，就认为别人也总是在骗自己；自己自我感觉良好，就认为别人也都认为自己很出色……

1974年，心理学家希芬鲍尔曾做了这样一个实验：

他邀请一些大学生作为被试者，将他们分为两组。给其中一组学生放映喜剧电影，让他们心情愉快；而给另外一组学生放映恐怖电影，让他们产生害怕的情绪。然后，他又给这两组学生看相同的一组照片，让他们判断照片上人的面部表情。

结果，看了喜剧电影心情愉快的那组大学生判断照片上的人也是开心的表情，而看了恐怖电影心情紧张的那组大学生则判断照片上的人是紧张害怕的表情。

这个实验说明，被试的大部分学生将照片上人物的面部表情视为自己的情绪体验，即将自己的情绪投射到他人身上。

其实，投射效应的表现形式除了将自己的情况投射到别人身上外，还有另一种表现——感情投射。即对自己喜欢的人或事物越看越喜欢，越看优点越多；对自己不喜欢的人或事物越看越讨厌，越看缺点越多。这种情况多发生在恋爱期间，如在热恋时人们喜欢在周围人面前吹嘘自己的另一半如何完美无缺；一旦失恋，对对方的憎恨之情溢于言表，并言过其实。

所以，知道了投射效应在人际交往的过程中会造成我们对其他人的知觉失真，我们就要在与人交往的过程中保持理性，避免受这种效应的不良影响。

辩证走出"投射效应"的误区

哲学上曾讲过，对任何事物我们都应辩证地去看。没错，投射效应也不例外。

一方面，这种效应会使我们拿自己的感受去揣度别人，缺少了人际沟通中认知的客观性，从而造成主观臆断并陷入偏见的深渊，这是需要我们克服的。

《庄子·天地》中记载了这样一个故事：

尧到华山视察，华封人祝他"长寿、富贵、多男子"，尧都辞谢了。华封人说："寿、富、多男子，人之所欲也。汝独能不欲，何邪？"尧说："多男子则多惧，富则多事，寿则多辱。是三者，非所以养德也，故辞。"

通过这个故事，我们发现，人的心理特征各不相同，即使是"富、寿"等基本的目标，也不能随意"投射"给任何人。

由于产生投射效应是主观意识在作祟，所以我们可以通过时刻保持理性，克服潜意识和惯性思维，让事物的发展规律还原它本来的面目，从而消除这种效应带来的不良影响。

首先，我们要客观地认清别人与自己的差异，不断完善自己，不能总是以己之心度人之腹。其次，我们要承认和尊重差异，多角度、全方位地去认识别人。最后，为了避免投射效应，我们需要学会换位思考，也就是设身处地地站在对方的立场上去看别人。与人交往时，如果我们能站在对方的立场上，为对方着想，理解对方的需要和情感，就能与他人进行很好的交流和沟通，也更容易达成谅解和共识。

另一方面，我们也不可否认，因为人性有相通之处，有时不同的人的确会产生相同的感受。那么，我们就可以利用一个人对别人的看法来推测这个人的真正意图或心理特征。正如钱锺书所说"自传其实是他传，他传往往却是自转"，要了解某人，看他的自传，不如看他为别人做的传。因为作者恨不得化身千千万万来讲述不方便言及或者即便说了别人也不能相信的发生在作者身上的真实故事。

例如，你在帮公司招聘人员的时候，想了解求职者真实的应聘目的，就可以设计这样的问题：

你应聘本公司的主要原因是什么？
A. 工作轻松　B. 有住房　C. 公司理念符合个人个性　D. 有发展前途　E. 收入高
你认为跟你一起到本公司应聘的其他人的主要原因是什么？
A. 工作轻松　B. 有住房　C. 公司理念符合个人个性　D. 有发展前途　E. 收入高

显然，第一个题目并没有多大意义，大部分求职者都会选择 C 或 D；第二个题目，则可以考察求职者的心理投射，求职者一般会根据自己内心的真实想法来推测别人，其答案往往也就是求职者内心的想法。

那么，在干部谈话或招聘等过程中，我们就可以利用投射效应了解交际对象的态度和动机，为我们带来积极的意义。

所以，对待交际中的投射效应，我们要学会辩证地看待其影响，用理智避开它不利的一面，用智慧运用好它有利的一面。

自我暴露定律：适当暴露，让你们的关系更加亲密

适当的"自我暴露"有助加深亲密度

你有秘密吗？你是否发现自己与身边最亲密的人往往共同分享着彼此的许多秘密，而对于那些交情一般的人，你们之间几乎任何秘密都没有？你还可以回想一下，与最好的朋友的友谊，是不是从那一次你们两人互诉真心开始建立的？想必，你对上述几个问题的答案基本都是"是"。无须奇怪，这就是人际交往中的自我暴露定律。

研究交际心理学的人士曾指出，让人家看到自己的缺点或弱点，人家才会觉得你真实可信，不存虚假，从而产生亲近感；反之，完全把自己"藏起来"，就会使人感觉造作、虚伪、有压力。

小敏是宿舍中最擅长交际的一个，并且人也长得漂亮。但同宿舍甚至同班的其他女孩都找到了自己的男朋友，唯独漂亮、擅长交际的小敏仍是独自一人。

为什么呢？她身边的同学都表示，她太神秘，别人很难了解她。和她有过接触的男同学也说，刚开始和她交往时，感觉她是个活泼开朗的女孩，但时间一长，就发现她其实很封闭。

原来，小敏一直对自己的私生活讳莫如深，也从不和别人谈论自己，每当别人问起时，她就把话题岔开，怪不得同学们都觉得她神秘呢！

生活中有一些人是相当封闭的，当对方向他们说出心事时，他们却总是对自己的事情闭口不谈。但这种人不一定都是内向的人，有的人话虽然不少，但是从不触及自己的私生活，也不谈自己内心的感受。

人之相识，贵在相知；人之相知，贵在知心。要想与别人

成为知心朋友，就必须表露自己的真实感情和真实想法，向别人讲心里话，坦率地表白自己、陈述自己、推销自己，这就是自我暴露。

当自己处于明处，对方处于暗处，你一定不会感到舒服。自己表露情感，对方却讳莫如深，不和你交心，你一定不会对他产生亲切感和信赖感。当一个人向你表白内心深处的感受，你可以感到对方信任你，想和你进行情感的沟通，这就会一下子拉近你们的距离。

在生活中，有的人知心朋友比较多，虽然他（她）看起来不是很擅长社交。如果你仔细观察，会发现这样的人一般都有一个特点，就是为人真诚，渴望情感沟通。他们说的话也许不多，但都是真诚的。他们有困难的时候，总会有人来帮助，而且很慷慨。

而有的人，虽然很擅长社交，甚至在交际场合中如鱼得水，但是他们却少有知心朋友。因为他们习惯于说场面话，做表面工夫，交朋友又多又快，感情却都不是很深；因为他们虽然说很多话，却很少暴露自己的真实感情。

要知道，人和人在情感上总会有相通之处。如果你愿意向对方适度袒露，就会发现相互的共同之处，从而和对方建立某种感情的联系。向可以信任的人吐露秘密，有时会一下子赢得对方的心，赢得一生的友谊。

如果希望结交知心朋友，你不妨先对他们敞开自己的心扉！

过犹不及，暴露自己要有度

人常说："凡事要有度，凡事不能过度。"一点儿也没错，在交际中，自我暴露是赢得他人好感的有效方式，但这种暴露同样要做到"适度"。

小鱼是某大学的研究生，刚入学不久，她就把同班同学"雷"到了。一天早上上课，课间，坐在前排的她转过身和一位同学借笔记，还回来时笔记里竟然夹了一张男生的照片，于是小鱼打开了话匣子，跟后面的同学聊了起来，说那是她在火车上认识的新男友，正热恋。她从她和男友在哪儿租了房子、昨天买了什么菜、谁做的晚饭，说到她如何如何幸福，甚至说到二人世界里亲密的小细节……

这样的事情有很多，而且她经常不分时间场合随便就跟别人讲自己的一些私事。到后来，同学们一见到她就躲开了，大家都受不了她了。

由上面的这个例子我们可以看出，在人际交往的过程中，自我暴露要有一个度，过度的自我暴露反而会惹人厌。

在人际交往中，自我暴露应注意以下几个问题：

自我暴露应遵循对等原则，即当一个人的自我暴露与对方相当时，才能使对方产生好感。比对方暴露得多，则给对方以很大的威胁和压力，对方会采取避而远之的防卫态度；比对方暴露得少，又显得缺乏交流的诚意，交不到知心朋友。

自我暴露应循序渐进。自我暴露必须缓慢到相当温和的程度，缓慢到足以使双方都不感到惊讶的速度。如果过早地涉及太多的个人亲密关系，反而会引起对方的忧虑和不信任感，认为你不稳重、不敢托付，从而拉大了双方的心理距离。

真正的亲密关系是建立得很慢的，它的建立要靠信任和与别人相处的不断体验。因而，你的"自我暴露"必须以逐步深入为基本原则，这样，你才会讨人喜欢，才能交到知心朋友。

刻板效应：别让记忆中的刻板挡住你的人脉

偏见的认知源于记忆中的刻板

偏见源于何处呢？

一些社会心理学家认为，偏见的认知来源于刻板印象。

刻板印象指的是人们对某一类人或事物产生的比较固定、概括而笼统的看法，是我们在认识他人时经常出现的一种相当普遍的现象。

刻板印象的形成，主要是由于我们在人际交往的过程中，没有时间和精力去和某个群体中的每一成员都进行深入的交往，而只能与其中的一部分成员交往。因此，我们只能"由部分推知全部"，由我们所接触到的部分，去推知这个群体的全部。

人们一旦对某个事物形成某种印象，就很难改变。

美国一些心理学家分别于1932年、1951年和1967年对普林斯顿大学生进行了3次有关民族性格的刻板印象调查。他们让学生选择5个他们认为某个民族最典型的性格特征。3次研究的结果大致相同，如下表所示：

民族	性格特性
美国人	勤奋、聪明、实利主义、有雄心、进取
英国人	爱好运动、聪明、沿袭常规、传统、保守
德国人	有科学头脑、勤奋、不易激动、聪明、有条理
犹太人	精明、吝啬、勤奋、贪婪、聪明
意人利人	爱艺术、冲动、感情丰富、急性子、爱好音乐
日本人	聪明、勤奋、进取、精明、狡猾

雷兹兰（1950年）、西森斯（1978年）、休德费尔（1971年）等人的研究也充分证实了这种刻板效应对人知觉的严重曲解。

生活中，人们都会不自觉地把人按年龄、性别、外貌、衣着、言谈、职业等外部特征归为各种类型，并认为每一类型的人有共同特点。在交往观察中，凡对象属一类，便用这一类人的共同特点去理解他们。比如，人们一般认为工人豪爽，军人雷厉风行，商人大多较为精明，知识分子是戴着眼镜、面色苍白的"白面书生"形象，农民是粗手大脚、质朴安分的形象等。诸如此类看法都是类化的看法，都是人脑中形成的刻板、固定的印象。

如何移去记忆中的刻板

刻板效应的产生，一是来自直接交往印象，二是通过别人介绍或传播媒介的宣传。刻板效应既有积极作用，也有消极作用。居住在同一个地区、从事同一种职业、属于同一个种族的人总会有一些共同的特征。刻板印象是建立在对某类成员个性品质抽象概括认识的基础上的，反映了这类成员的共性，有一定的合理性和可信度，所以它可以简化人们的认知过程，有助于对人迅速做出判断，帮助人们迅速有效地适应环境。但是，刻板印象毕竟只是一种概括而笼统的看法，并不能代替活生生的个体，因而"以偏概全"的错误总是在所难免。如果不明白这一点，在与人交往时，唯刻板印象是瞻，像"削足适履"的郑人，宁可相信作为"尺寸"的刻板印象，也不相信自己的切身经验，就会出现错误，导致人际交往的失败，自然也就无助于我们获得成功。因此，刻板效应容易使人认识僵化、保守，人们一旦形成不正确的刻板效应，用这种定型观念去衡量一切，就会造成认知上的偏差，如同戴上"有色眼镜"去看人一样。

在不同人的头脑中刻板效应的作用、特点是不相同的。文化水平高、思维方式好、有正确世界观的人，其刻板效应是不"刻板"的，是可以改变的。

刻板效应具有浅尝性，往往对个体或者某一群体的分类过于简单和机械，有的只依靠停留在表面上的认识就加以定性；刻板效应同时具有部落共性，在同一社会、同一群体中，由于同一文化、价值观念、信息来源影响，刻板印象有惊人的一致性；刻板效应还具有强烈的主观性，往往凭着偶然的经验加以评判或分类，大多是以偏概全，甚至是颠倒是非。假如最初我们认定日本人勤劳、有抱负而且聪明，美国人讲求实际、爱玩而又入乡随俗，犹太人有野心、勤奋而又精明，女人比男人更会养育子女、照料他人而且温柔顺从，戴眼镜的人都聪明，教授都有点古怪而且平日里都是一副漫不经心的样子等，当我们初次与以上人群相遇时，就会不自觉地用已有的概念去套用，而结果往往也会陷入啼笑皆非的尴尬局面。

作为教师或者学生家长或者社会其他人员，在评价学生的人格时首先要有大系统思维观，切忌单线条或者直线思维，要考虑事情原因和结果的多样性、复杂性，而不是"一个事物、一种现象、一个结果"，要建立多原因、多结果论。其次要用发展的眼光来看问题，世界是时时刻刻在发展变化中的，如果用刻舟求剑的办法处理问题，只能是落后的，要闹笑话的，最终会导致严重错误的。再次要多方位、多角度观察学生，"横看成岭侧成峰，远近高低各不同"。只有观察多了，才有可能比较全面地认识一个人。

克服刻板效应的关键：

一是要善于用"眼见之实"去核对"偏听之辞"，有意识地重视和寻求与刻板印象不一致的信息。

二是深入到群体中去，与群体中的成员广泛接触，并重点加强与群体中典型化、代表性的成员的沟通，不断地检索验证原来刻板印象中与现实相悖的信息，最终克服刻板印象的负面影响而获得准确的认识。

因此，我们要纠正刻板效应的消极作用，努力学习新知识，不断扩大视野，开拓思路，更新观念，养成良好的思维方式。

互惠定律：你来我往，人情互惠

投桃报李，学会感恩

爱默生说过："人生最美丽的补偿之一，就是人们真诚地帮助别人之后，同时也帮助了自己。帮助别人也就是帮助你自己。"你送出什么就收回什么，你播种什么就收获什么。你帮助的愈多，你得到的也就愈多；而你愈吝啬，也就愈可能一无所得。"爱别人就是爱自己"，这句很经典的话，其实已说出了人际关系的"核心秘密"——你付出别人所需要的，他们也会给予你所需要的。

古语有云："投我以桃，报之以李。"对于别人的恩惠，我们不能无动于衷，而要以另一种好处来报答他人。

在第一次世界大战中，为了刺探对方敌情，各国专门培训了一批特种兵，其任务是深入敌后去抓俘虏回来审讯。

当时的战争是堑壕战，大队人马要想穿过两军对垒前沿的无人区是十分困难的，如果一个士兵悄悄爬过去，溜进敌人的战壕，相对来说就比较容易了。

有一个德军特种兵以前曾多次成功地完成这样的任务，这次他又接到任务出发了。他很熟练地穿过两军之间的地带，悄无声息地出现在敌军战壕中。

一个落单的士兵正在吃东西，毫无戒备，一下子就被德国兵缴了械。他手中还举着刚才正在吃的面包，这时，他本能地把一块面包递给对面突袭的敌人。

面前的德国兵忽然被这个举动打动了，他做出了不可思议的行为——他没有俘虏这个敌军士兵，而是将其放了，自己空着手回去，虽然他知道回去后上司会大发雷霆。

这个德国兵为什么这么容易就被一块面包打动呢？其实，人的心理是很微妙的，在得到别人的好处或好意后，就想要回报对方。虽然德国兵从对手那里得到的只是一块面包，或者他根本没有想要那块面包，但是他感受到了对方对他的一种善意。即使这善意中包含着一种恳求，但这毕竟是一种善意，是很自然地表达出来的，在一瞬间打动了他。他在心里觉得，无论如何不能把一个对自己好的人当俘虏抓回去，更别说要了这个人的命。

其实这个德国兵不知不觉地受到了心理学上互惠定律的左右。得到对方的恩惠就一定要报答的心理，是人类社会中根深蒂固的一个行为准则。

一位心理学教授做过一个小小的实验，证明了这个定律：

他在一群素不相识的人中随机抽样，给挑选出来的人寄去了圣诞卡片。但没有想到，大部分收到卡片的人都给他回寄了一张，而实际上他们都不认识他。

给他回赠卡片的人，根本就没有想过打听一下这个陌生的教授到底是谁，他们收到卡片，自动就回赠了一张。也许他们想，可能自己忘了这个教授是谁了，或者这个教授有什么原因才给自己寄卡片。不管怎样，自己不能欠人家的情，给人家回寄一张总是没有错的。

这个实验虽小，却证明了互惠定律的作用。当然，你也可以使用这个原理来提升自己的影响力。如果从别人那里得到了好处，我们应该回报对方；如果一个人帮了我们，我们也会帮他，或者给他送礼品，或请他吃饭；如果别人记住了我们的生日，并送我们礼品，我们对他也会这么做。

人与人的相处其实是很简单的，你想要别人把你当做朋友，那你必须先把别人当做朋友。

播种爱心，赢得朋友

中国历来讲究礼尚往来，这似乎也是人类行为不成文的规则。与人交往讲究互惠互利，双方需要保持利益平衡，如果利益平衡被打破，就会导致关系破裂。互相帮助，有来有往，用真心换取真心，这样才能使我们赢得更多的人心，也能使友谊更加稳固。

人与人之间的互动，就像坐跷跷板一样，要高低交替。一个永远不肯吃亏、不肯让步的人，即使真正得到好处，也是暂时的，他迟早要被别人讨厌和疏远。得到别人的好处或好意，及时回报，这能够表明自己是一个知恩图报的人，有利于相互交往的发展。

在不是很熟悉的朋友之间，你求别人办事，如果没有及时回报，下一次又求人家，就显得不太自然，因为人家会怀疑你是否有回报的意识，是否感激他对你的付出。如果对方突然有一件事反过来求你，你即使觉得不太好办的话，也难以拒绝。俗话说："受人一饭，听人使唤。"为了保持一定的自由，最好不要欠人情。当然，在关系很密切的朋友之间，就不一定要马上回报，那样反而可能显得生疏。但也不等于不回报，有机会的时候还是应该回报的。

在人生的旅途中，我们一直在播种，也许我们不经意的一次善意，就会获得意想不到的感激。当然，我们付出的时候并不是为了得到回报，可生活就是这样，有播种就会有收获，对我们来说也许只是绵薄之力，对需要帮助的人来说则可能会是新的人生起点。

在尼泊尔白雪覆盖的山路上，刺骨的寒气伴随着暴风雪，让人很难睁开双眼。有个男子走了很久，好不容易碰到一个旅行家，两个人自然而然地成了旅途上的同伴。半路上他们看到一个老人倒在雪地里，如果置之不理，老人一定会被冻死。"我们带他一起走吧，先生！请你帮帮忙。"男子提议。旅行家听了很生气地说："这么大的风雪，咱们照顾自己都难，还顾得了谁呀！"说完便独自离去了。

这个男子只好背起老人继续往前走。不知过了多久，他全身被汗水浸湿，这股热气竟然温暖了老人冻僵的身体，老人慢慢恢复了知觉。两人将彼此的体温当成暖炉相互取暖，忘却了寒冷的天气。

"得救了，老爷爷，我们终于到了！"看到远处的村庄，男子高兴地对背上的老人说。当他们来到村口时，发现一群人聚在一起议论纷纷。男子挤进人群中一看，原来是有个男人僵硬地倒卧在雪地上。当他仔细观看尸首时，吓了一大跳——冻死在距离村子咫尺之遥的雪地上的男人，竟然就是当初为了自己活命而先行离开的那个旅行家。

行路的男子并不知道帮助老人会为自己赢得生机，他只是出于悲悯之心才背着老人行进的。救人一命，胜造七级浮屠，男子的善心不但救了老人的性命，更让自己成功走出困境，而旅行家则为他的自私付出了代价。

面对需要帮助的人，千万不要吝惜自己的爱心，善待他人，把你的爱心奉献出来。在你不经意地付出以后，也许会有意想不到的惊喜。播种你的爱心，让它在你的周围生根发芽，当你迎来硕果累累的金秋时，你就是拥有最多财富的富翁。

换位思考定律：将心比心，换位思考

己所不欲，勿施于人

曾经有位因不会与人交往而处处遭人白眼的年轻人，非常苦恼地去找智者，希望智者能告诉他与人交往的秘诀。结果，那智者只送了他4句话："把自己当成别人，把别人当成自己，把别人当成别人，把自己当成自己。"年轻人当时不明白，以为智者不想告诉他秘诀，所以随便说了几句来敷衍他。而智者却说："你回去吧，这就是秘诀。你会明白的。"后来，这位年轻人反复琢磨，经过实践后，终于明白了智者的话。与人交往的秘诀其实就是换位思考。

中国自古就有"己所不欲，勿施于人"的古训，而西方的《圣经》里也有这样的教诲："你们愿意别人怎样待你，你们就怎样对待别人。"人与人的交往，都是将心比心的。只有懂得为别人考虑的人，才能获得别人的真情。生活中，每个人所处的环境、地位、角色不同，所以每个人对同一个事物的想法也会有所不同，不要只从自己的立场出发来想事情，要懂得从别人的立场上看问题，这样你的观点才会更客观，你的胸怀才会更宽广，你的朋友才会更多，你的事业也会更成功。

这世上有很多争吵，都是因为我们不会从别人的立场上看问题而导致的。如果我们每个人都能站在别人的立场上为别人考虑，那么这个世界将变成爱的海洋，和谐美满的天堂。妻子总觉得丈夫不体贴，丈夫总觉得妻子不温柔；老师总觉得学生不听话，学生总觉得老师不讲道理；家长总觉得孩子不可救药，孩子则认为家长专治独裁；老板总认为员工爱偷懒，员工总觉得老板是吸血鬼……大家都只从自己的立场出发想问题，那将无法进行沟通和获得理解。

从前，有一个男人厌倦了天天忙碌的工作，每天回家看到妻子总是羡慕她的悠闲舒适。于是有一天，他向上帝祈祷，希望上帝把他变成女人，让他和妻子互换角色。结果，第二天祈祷灵验了：他变成妻子的模样，妻子变成了他的模样。他高兴极了，想这以后我就能享受美好的悠闲生活了。可还没等他想完，妻子就抗议道："你怎么还不去做早餐，我上班要迟到了。"于是，他赶紧起床去做早餐。做完早餐，又去叫孩子们起床，给孩子们穿衣服，喂早餐，装好午餐，送孩子们上学。回到家后，又开始打扫卫生，洗衣服，到超市买菜，准备晚餐……只一天，他就受不了了，太累了，比他上班还累。第二天一醒来，他就祷告，请求上帝再把他变回去。而上帝却对他说："把你变回去，可以。但是，要再等10个月，因为你昨天晚上怀孕了。"

这个有意思的故事，说的还是换位思考的问题。不要以为别人的工作就比你轻松，别人就比你活得容易。

每个人都有每个人的责任，每个人都有每个人的忧喜。只有设身处地为他人考虑，你才能真正地了解他的想法，理解他的行为。

换位思考是一种态度，更是一种品德。懂得换位思考的人，才值得别人尊敬。如果你不想别人剥夺你的生命，那就别当着别人的面抽烟；如果你不想别人啐你的脸，那你就不要随地吐痰；如果你不想别人用污秽的字眼说你，那你也不要随便辱骂别人；如果你不想自己被人瞧不起，那你也不要戴着"有色眼镜"看人。

总之，己所不欲，勿施于人，懂得站在别人的立场上考虑问题，希望别人怎么对你，你就怎么对别人。

设身处地为他人考虑

其实，设身处地为他人考虑，也是为自己考虑。在这个世界上，没有哪个人是不依赖他人而孤立存在的。社会就是人与人合作互助的结构，不懂得为他人考虑的人，也没有人会为你考虑。只想着自己，自私自利的人，以为没有吃亏，却也难有收获，而且还会失去很多，比如尊重、理解、爱戴、朋友，甚至更多。

曾经看过一个非常悲惨的故事，讲的正是不懂得设身处地为他人考虑而导致的悲剧。

一个参军的年轻人，由于在战场上误踩了地雷，致使他失去了一只胳膊和一条腿。他痛苦万分，但想到爱他的父母，他的心底又燃起了活下去的希望。可他现在这个样子，父母会如何看待他呢？他决定还是打个电话给父母，再做打算。于是，他拨通了父母家里的电话："爸爸，妈妈，我要回家了。但我想请你们帮我一个忙，我想带一位朋友回去。"父母听后，很高兴："当然可以，我们也很高兴能见到他。"年轻人接着说："但是这位朋友不是一般的人，他在这次战争中失去了一只胳膊和一条腿。他无处可去，我希望他能来我们家和我们一起生活。"年轻人这话一出口，电话中就传来父母的声音："我们很遗憾听到这件事，但是这样一个残疾人将会给我们带来沉重的负担，我们不能让这种事干扰我们的生活。我想你还是快点回家来，把这个人给忘掉，他自己会找到活路的。"听到这些，年轻人挂上了电话。几天后，他的父母接到了警察局的电话，说他的儿子从高楼上坠地而死，调查结果认定是自杀。当悲痛欲绝的父母，赶到陈尸间，看到儿子的尸体时，他们惊呆了：他们的儿子只剩一只胳膊和一条腿。

这就是只想到自己的结果。生活中，这样的悲剧还有很多。灾难发生在别人身上是故事，发生在自己身上才是事故。而这世界是公平的，风水轮流转，那发生在别人身上的不幸，也可能发生在自己身上。你怎么对待别人的，别人就会怎么对待你。所以，要处处为别人考虑。

在别人有难时，不要幸灾乐祸，而是想着帮助别人。无论何时都要为别人考虑，这样你的人生会不断地发现惊喜。

圣诞节那天，妈妈带着女儿在街上玩。妈妈一个劲地说："宝贝，你看多美啊！"可女儿却回答："我什么美也看不到！"妈妈很生气："你看那漂亮的五彩灯、圣诞树，还有琳琅满目的各式礼品，你怎么会看不到呢？"女儿很委屈："可我真的什么也没有看到。"这时，女儿的鞋带开了，妈妈蹲下来为她系鞋带。就在这时，妈妈发现她蹲下来的时候，除了前方一个女人的格子裙以外，什么也看不到。原来，那些东西都放得太高了。

所以，当别人给的答案不是你想要的时候，要想想为什么会这样。真正设身处地地为他人着想，是每个人都应该明白的道理和应该学习的人生法则。

第四章　经济学效应

公地悲剧：都是"公共"惹的祸

为什么"公共"会惹祸

红红的樱桃不仅样子可爱，而且味道鲜美、营养丰富，自然成了不少人的喜爱之物。婺州公园的樱桃一熟，就被大家"追捧"。有人称："今天早上和家人一起到公园玩，发现那里的一片樱桃熟了，很多人都在摘。有折树枝的，有爬上树的，还有人竟然搬来梯子，一起动手，可热闹了。看了半天都弄不懂了，这样子怎么就没人管呢？是不是谁都可以摘啊？"

和所有水果一样，樱桃有着一个自然的成熟周期。还没成熟的时候，它们味道很酸，但随着时间的推移，樱桃的含糖量提高了，吃起来也就可口了。专门种植樱桃的农户到了收获时节才采摘樱桃，所以，超市里的樱桃都是到了成熟期才上架的。然而，长在公园里的樱桃，总是在尚未成熟、味道还酸的时候就被人摘下吃了。如果人们能等久点再采摘，樱桃的味道会更好。可为什么人们等不得呢？

这是因为，公园的樱桃是一种公共物品。人们知道，对公共物品而言，你不从中获得收益，他人也会从中获得收益，最后损失的是大家的利益。所以人们只期望从公共物品中捞取收益，但是没有人关心公共物品本身的结果。正因为如此，才最终酿成"公地悲剧"。

"公地悲剧"最初由英国人哈定于1968年提出，因此"公地悲剧"也被称为哈定悲剧。哈定说："在共享公有物的社会中，每个人，也就是所有人都追求各自的最大利益，这就是悲剧的所在。每个人都被锁定在一个迫使他在有限范围内无节制地增加牲畜的制度中，毁灭的是所有人都奔向的目的地。因为在信奉公有物自由的社会当中，每个人均追求自己的最大利益。公有物自由给所有人带来了毁灭。"他提出了一个"公地悲剧"的模型。

一群牧民在共同的一块公共草场放牧。其中，有一个牧民想多养一头牛，因为多养一头牛增加的收益大于其成本，是有利润的。虽然他明知草场上牛的数量已经太多了，再增加牛的数目，将使草场的质量下降。但对他自己来说，增加一头牛是有利的，因为草场退化的代价可以由大家负担。于是，他增加了一头牛。当然，其他的牧民都认识到了这一点，都增加了一头牛。人人都增加了一头牛，整个牧场多了N头牛，结果过度放牧导致草场退化。于是，牛群数目开始大量减少。所有聪明牧民的如意算盘都落空了，大家都受到了严重的损失。

可见，"公地悲剧"展现的是一幅私人利用免费午餐时的狼狈景象——无休止地掠夺，"悲剧"的意义，也就在于此。

走出"公地悲剧"的漩涡

现实生活中，公地悲剧多发生在人们对公共产品或无主产权物品的无序开发及破坏上，如近海过度捕鱼造成近海生态系统严重退化等。

英国解决这种悲剧的办法是"圈地运动"。一些贵族通过暴力手段非法获得土地，开始用围栏将公共用地圈起来，据为己有，这就是我们历史书中学到的臭名昭著的"圈地运动"。但是由于土地产权的确立，土地由公地变为私人领地的同时，拥有者对土地的管理更高效了，为了长远利益，土地所有者会尽力保持草场的质量。同时，土地兼并后以户为单位的生产单元演化为大规模流水线生产，劳动效率大为提高。英国正是从"圈地运动"开始，逐渐发展成为日不落帝国。

土地属于公有产权，零成本使用，而且排斥他人使用的成本很高，这样就导致了"牧民"的过度放牧。我们当然不能再采用简单的"圈地运动"来解决"公地悲剧"，我们可以将"公地"作为公共财产保留，但准许进入，这种准许可以以多种方式来进行。比如有两家石油或天然气生产商的油井钻到了同一片地下油田，两家都有提高自己的开采速度、抢先夺取更大份额的激励。如果两家都这么做，过度开采会减少他们可以从这片油田收获的利益。在实践中，两家都意识到了这个问题，达成了分享产量的协议，使从一片油田的所有油井开采出来的总数量保持在适当的水平，这样才能达到双赢的目的。

有人可能会说，避免"公地悲剧"的发生，就必须不断减少"公地"。但是，让"公地"完全消失是不可能的。"公地"依然存在，这就要求政府制定严格的制度，将管理的责任落实到具体的人，这样，在"公地"里过度"放牧"的人才会收敛自己的行为，才会在政府干预下合理"放牧"。

在市场经济中，政府规定和市场机制两者有机结合，才能更好地解决经济发展中的"公地悲剧"。

【定律链接】从"公地悲剧"到"反公地悲剧"

1998 年，迈克尔·赫勒在《哈佛法律评论》上发表《反公地悲剧：从马克思到市场转型中的产权》一文，正式提出"反公地悲剧"的理论模型。他认为，生态学家加勒特·哈定之前创造的"公地悲剧"虽然很好地说明了公共资源被过度利用的恶果，但他却忽视了资源未被充分利用（或称"使用不足"）的可能性，而这导致的资源浪费、效率低下、收益减少的情况更为严重。于是，便提出了"反公地悲剧"。

2003 年，复旦大学中国社会主义市场经济研究中心报道了新加坡南洋理工大学应用经济学系主任陈抗博士题为"从公地悲剧到反公地悲剧"的学术讲座。陈博士在讲座中也清晰地解释了"公地悲剧"和"反公地悲剧"的概念。当资源或财产被许多人拥有时，这些拥有者每一个人都有权使用资源，但没有人有权阻止他人使用，于是便导致资源的过度使用。这就是"公地悲剧"。例如，现实中的草地的过度放牧、海洋资源的过度捕捞、空气的严重污染等。与之相反，当资源或财产被许多人拥有时，这些拥有者每一个人都有权阻止其他人使用资源，但没有人拥有有效的使用权，资源或财产的使用效率和收益就会大大降低，甚至出现资源浪费。这就是"反公地悲剧"。如某些发明所导致的专利问题，由于专利权利太多，使后面的研发难以为继。

总之，一味地困守于资源或财产的完全"公共"或完全"反公共"，都会导致相应的悲剧。我们只有懂得采取相应的措施，有效平衡资源或财产的"共有"和"私有"，才能从根本上避免悲剧的发生。

马太效应：富者越来越富，穷者越来越穷

学会让自己的收益增值

假如你手里有一张足够大的白纸，请你把它折叠 51 次。想象一下，它会有多高？1 米？2 米？其实，这个厚度超过了地球和太阳之间的距离！财富与之类似，不用心去投资，它不过是将 51 张白纸简单叠在一起而已；但我们用心智去规划投资，它就像被不断折叠 51 次的那张白纸，越积越高，高到超乎我们

的想象。

其实，根据马太效应，我们的收益是具有倍增效应的。你的收益越高，就越有机会获得更高的收益。

一位著名的成功学讲师应邀去某培训中心演讲，双方商定讲师的酬金是 300 美元。在那个时候，这笔数目并不算少。

这是一场规模盛大的演讲会，参加的人员很多。这位讲师的演讲非常成功，受到了大家的热烈欢迎。同时，他也因此结交了更多的成功学人士，感觉受益匪浅。

演讲结束后，他谢绝了培训中心给他的报酬，高兴地说："在这几天中，我的受益绝不是这几百美元所能买到的，我得到的东西，早已远远超出了报酬的价值。"

培训中心的领导很受感动，把这个讲师拒收酬金的事告诉了培训中心的所有学员。他说："这个讲师能够深深体会到他在其他方面的收获远远大于他的酬金，这说明了他对成功学的研究达到了很高水平，像他这样的讲师，才称得上是真正意义上的成功学大师，因为他已经深刻领会了成功的要素和成功的意义，那么他宣传的成功学一定很具实用性，也是可行的。阅读他所著的成功学书籍，一定会得到真实的成功启迪。"

于是，培训中心的学员们纷纷购买了讲师所著的成功学书籍和录像带等产品。

后来，培训中心又把这个讲师拒收酬金的事，写成激励短文挂在培训中心的阅览室里，参加培训的各期学员也都纷纷购买他的书籍和产品，使他的书籍再版了几次，总数超过了百万册。这样，仅在售书方面，讲师的收入就不是一个小数目了。

通过这个故事，我们不难发现，领悟了马太效应，对于我们获得更高的收益非常重要。

现实生活中，人人都希望自己富裕起来。那么，我们不能只看眼前的既得利益，应该把目光放得更远一些，看到马太效应的增值效果，让眼前的收益不断增值。这就好比前面将一张纸折叠 51 次那样，通过不断累加，你的收益便会越来越多。

【定律链接】投资，让金钱流动起来

据《犹太人五千年智慧》记载：

在古代的巴比伦城里，有位名叫亚凯德的犹太人，因为金钱太多闻名遐迩，而使他成为一位知名之士的另一原因，就是他慷慨好施，对慈善捐款毫不吝啬；他对家人宽大为怀，自己用钱也很大度。可是，他每年的收入仍大大超过支出。

有一些童年时代的老朋友常来看他，他们说："亚凯德，你比我们幸运多啦。我们大伙勉强糊口的时候，你已成为巴比伦的第一富翁，你能穿着最精致的服装，享用最珍贵的食物。如果我们能让家人穿着可以见人的衣服，吃着可口的食品，我们就心满意足了。

"然而，幼年时代，我们大家都是平等的，我们都向同一老师求学，我们玩相同的游戏，那时无论在读书方面或在游戏方面，你都和我们一样，毫无才华出众之处。幼年时代过去以后，你依然和我们一样，大家都是同等的诚实公民，然而现在，你成了亿万富翁，我们却终日不得不为了家人的温饱而四处奔走。

"根据我们的观察，你并不比我们辛苦，你做工的忠实程度也未超过我们。那么，为什么多变的命运之神偏偏让你享尽一切荣华富贵，却不给我们丝毫的福气呢？"

亚凯德于是规劝他们说道："童年以后，你们之所以没有得到优裕的生活，是因为要么你们没有学到发财原则，要么没有实行发财原则。你们忘记了：财富好像一棵大树，它是从一粒小小的种子发育而成的。金钱就是种子，你越勤奋栽培，它就长得越快。"

钱是可以生钱的，你只有懂得了马太效应，大胆地使用你的金钱去投资，才能成为一个真正富有的人。

布拉德和克里斯是一对非常要好的同学，他们毕业后到同一家公司上班，在公司里担任的职位、领取的薪水也都一样。此外，两个人都非常节俭，因此每个人每年都能攒下一笔钱。

但是，两人的理财方式完全不同。布拉德将每年攒下来的钱存入银行，而克里斯则把攒下来的钱分散地投资于股票。两人还有一个共同的特点，那就是都不爱管钱，钱放到银行或股市之后，两人就再也没去管过它们了。

如此这般过了40年，克里斯成为拥有数百万美元的富翁，而布拉德存折上却只有区区十几万。

布拉德亲眼看着昔日的同学兼同事，40年来薪水收入相同，节俭程度相同，而克里斯却能成为百万富翁，反观一下自己，40年下来只有十几万。理财方式的不同造成了如今如此之大的差距。

投资决定收入。一般来说，每一次正确的投资，都是在助长现金流动，一段时间之后，现金流动会带着更多的金钱回来。乔·史派勒曾写过这样一本书，叫《动手来种钱》。他在书中提到一个只剩下1美分的人，这个人开始用仅有的1美分进行投资，他先将钱兑换成铜币，他心里告诉自己每次花掉的钱，他都要以10倍或更多倍的数量使它们再回到自己手上。这个人最后依靠这种方法获得了更多的财富，最终成了一个富翁。

所以，让金钱流动起来，它就是你的摇钱树！

经济过热理论：繁荣背后藏隐患

经济，不是越热越好

经济扩张的合理限度，是指投资、消费与出口增长的特定约束条件。这些约束条件包括：资源约束、需求约束和效率约束。

所谓资源约束，是指经济扩张会受人、财、物的限制，主要原因在于，任何经济扩张都必须以一定的资源供给为支撑，而在特定时间与空间内资源供给是有限的，因此，一旦经济扩张超过资源供给限度就会造成"瓶颈制约"。例如，投资扩张会受原材料、能源、劳动力与资金投入等要素供给的限制，居民消费会受支付能力和消费品供给等因素限制，而出口则会受国内货源供给限制等等。

所谓需求约束，是指供给扩张会受市场需求的限制。在市场经济条件下，投资与生产活动通常以利润最大化为目标。唯利是图或尽可能获利是供给扩张的出发点，但是，只有在投资品或消费品供给能够满足社会需求并以合理价格销售出去后，经营者才有可能获利或实现利润最大化。

所谓效率约束，是指经济扩张会受单位产品的销售所带来的收益递减规律的制约。由于这种规律的作用，当经济扩张超过合理限度后，就会产生规模不经济的现象，也就是随着经济规模不断扩大，边际收益不断下降的现象。

经济过度扩张既有可能是投资过度造成的，也有可能是由消费膨胀和过度出口所致，甚至有可能是三者共同作用的结果。所以根据实际情况我们可以把经济过热大致区分为 4 种类型，即投资型经济过热、消费型经济过热、出口型经济过热与整体经济过热。但在实际经济生活中投资、消费与出口既有可能同时扩张，也有可能单独冒进，甚至有可能逆向发展。

应当注意的是，我们不能把经济过热等同于物价上涨。这是因为，经济过热的本质是经济扩张过度，或者说是投资、消费与出口超过特定限度；物价上涨则既有可能是由投资、消费与出口过度扩张引发的，也有可能是供给急剧下降、外部冲击（如国际油价或原材料价格大幅度上涨等）、政府调控政策（扩张性财政金融政策），以及成本推动（如工资成本增加与电、水、气等公共产品的人为提价）的产物。

很明显，前一种情况是主动性物价上涨，后一种情况下的物价上涨具有被动性。由于被动性物价上涨与经济过度扩张无关，并有可能在经济没有扩张或经济衰退情况下发生，所以不能把这种物价上涨视为经济过热引起的。因此，经济过热虽然会引起物价大幅度上涨，但并不是任何一种物价上涨都是经济过热引起的，只有那些由经济过度扩张所引起的物价大幅度上涨才真正是由经济过热引起的。

综上所述，经济过热的本质是超过资源供给以及需求或效率限度的投资、消费或出口扩张。由于经济过热会导致资源配置错位或降低资源配置效率，所以必须进行预防与控制。

关于中国经济是否过热的问题

2010 年 10 月《国际财经时报》报道：

10 月 22 日消息，中国第三季度经济增长稳健，但与今年早些时候相比有所放缓。中国政府关注的首要问题——通货膨胀率小幅上涨，表明这个世界第二大经济体形势依然稳健，并未出现过热趋势。

中国的经济增长率从第二季度的 10.3% 下降到第三季度的 9.6%。

中国国家统计局发言人盛来运说："经过测算，前三季度国内生产总值为 268660 亿元。按可比价格计算，同比增长 10.6%，比上年同期加快 2.5 个百分点。分季度看，一季度增长 11.9%，二季度增长 10.3%，三季度增长 9.6%。"

这些数字表明中国经济发展保持强劲，离经济过热还很远，并不像很多经济学家所担忧的那样。

全国居民消费价格指数 9 月份同比上涨 3.6%，略高于 8 月份的 3.5%，远远超过今年 3% 的通胀目标。

星期二，中国人民银行宣布提高利率，很多经济学家认为，这一举措的目的是给经济逐渐降温，并牢牢控制住通货膨胀。

中国经济今年第一季度增长幅度最大，折合成年率为 11.9%，在随后的两个季度逐步放缓。

渣打银行经济学家严瑾说，她很高兴看到中国并没有出现经济过热。她说："在我们看来，9.6% 是一个相对来说更可持续的增长率，我们认为这与今年第一季度相比是一个更加健康的增长幅度。这意味着经济已经稳定下来，并且开始恢复。现在更重要的是把目光集中在其他风险上，比如通货膨胀和资产价格暴涨。"

经济学认为，实际增长率超过了潜在增长率叫做经济过热，它的基本特征表现为经济要素总需求超过总供给，由此引发物价指数的全面持续上涨。

通过对经济过热的界定，我们可以看出。社会总需求的过量增长往往意味着经济发展的过热倾向。我们所说的需求是指有购买能力的需求，总需求的增长通常用货币供应量，特别是广义货币（M2）的增长来表示，因此，经济运行中是否存在超量的货币供给也成为衡量经济是否过热的标准。此外，一国货币的超量供应通常会引起该国一般物价水平的持续上涨，出现通货膨胀，所以通货膨胀是否出现也成为判断一国经济是否过热的标准。

根据以上标准，我们可以从以下几个特征判断经济发展是否处于过热状态：

（1）固定资产投资增长速度连续几年明显快于 GDP 的增长，这是判断经济过热的重要标准。

（2）能源原材料需求供应紧张加剧，价格上涨过快。

（3）生产能力过剩，产品积压。

（4）资源环境压力增大，时常发生生产事故。

经济增长所带来的资源消耗高、浪费大等问题，加剧了环境保护的压力，也是经济过热的一个重要表现。

经济过热可以分为消费推动型经济过热和投资推动型经济过热。由于居民消费旺盛而导致的经济过热称为消费推动型经济过热。投资推动型经济过热，亦即过度投资，包含两个方面：

第一，在一个投资项目完工后，由于没有出现预期的市场需求，生产出来的产品大量堆积，资金无法收回，导致生产资料的严重浪费。这个层面上的"过度"指的是投资相对市场需求过度。

第二，投资规模过度展开，超过了财力负担能力，使得投资不能按预定计划完成，无法形成预期的生产能力。这个层面上的"过度"是投资规模相对于财力负担的过度。

【定律链接】相关常识解释

经济软着陆：指国民经济的运行经过一段时期的过度扩张之后，平稳地回落到适度增长区间。国民经济的运行是一个动态的过程，各年度间经济增长率的运动轨迹不是一条直线，而是围绕潜在增长能力上下波动，形成扩张与回落相交替的一条曲线。国民经济的扩张，在部门之间、地区之间、企业之间具有连锁扩散效应，在投资与生产之间具有累积放大效应。当国民经济的运行经过一段过度扩张之后，超出了其潜在增长能力，打破了正常的均衡状况，于是经济增长率将回落。"软着陆"即是一种回落方式，是相对于"硬着陆"即"大起大落"的方式而言的。

总供给：是国民经济各部门在一定时期内所生产的产品和服务的总和。总供给可以用社会在一定时期内所供给的生产要素的总和或者生产要素所得到的报酬总和来表示。

总需求：指一个国家或地区在一定时期内（通常是一年）由社会可用于投资和消费的支出所实际形成的对产品的劳务和购买力总量。它取决于总的价格水平，并受到国内投资、净出口、政府开支、消费水平和货币供应等因素的影响。

产能过剩：一般认为，产能即生产能力的简称，即为成本最低产量与长期均衡中的实际产量之差。对于什么是过剩，学者有不同的观点。有人认为供大于求即为过剩。也有人认为，供大于求有两种状态，第一种是供给略大于需求，第二种是总供给不正常地超过总需求的状态。"略大于"是指除满足有效需求外，还包括必要的库存和预防不测事故的需要。这种过剩本身并不是什么祸害，而是利益。后一种状态才是过剩状态，包括两方面内容：一方面是总供给为一定时间里总需求相对不足，另一方面是总需求为一定时间里总供给相对过剩。

泡沫经济：上帝欲使其灭亡，必先使其疯狂

上帝欲使其灭亡，必先使其疯狂

西方谚语说："上帝欲使人灭亡，必先使其疯狂。"

20世纪80年代后期，日本的股票市场和土地市场热得发狂。从1985年年底到1989年年底的4年里，日本股票总市值涨了3倍，土地价格也是接连翻番。到1990年，日本土地总市值是美国土地总市值的5倍，而美国国土面积是日本的25倍！日本的股票和土地市场不断上演着一夜暴富的神话，眼红的人们不断涌进市场，许多企业也无心做实业，纷纷干起了炒股和炒地的行当——整个日本都为之疯狂。

灾难与幸福是如此靠近。正当人们还在陶醉之时，从1990年开始，股票价格和土地价格像自由落体一般猛跌，许多人的财富一转眼间就成了过眼云烟，上万家企业关门倒闭。土地和股票市场的暴跌带来数千亿美元的坏账，仅1995年1月～11月就有36家银行和非银行金融机构倒闭，爆发了剧烈的挤兑风潮。极度繁荣的市场轰然崩塌，人们形象地称其为"泡沫经济"。

20世纪90年代，日本经济完全是在苦苦挣扎中度过的，不少日本人哀叹那是"失去的十年"。

泡沫经济，是虚拟资本过度增长与相关交易持续膨胀，日益脱离实物资本的增长和实业部门的成长，金融证券、地产价格飞涨，投机交易极为活跃的经济现象。泡沫经济寓于金融投机，造成社会经济的虚假繁荣，最后必定泡沫破灭，导致社会震荡，甚至经济崩溃。

最早的泡沫经济可追溯至1720年发生在英国的"南海泡沫公司事件"。当时南海公司在英国政府的授权下垄断了对西班

牙的贸易权，对外鼓吹其利润的高速增长，从而引发了对南海股票的空前热潮。由于没有实体经济的支持，经过一段时间，其股价迅速下跌，犹如泡沫那样迅速膨胀又迅速破灭。

泡沫经济源于金融投机。正常情况下，资金的运动应当反映实体资本和实业部门的运动状况。只要金融存在，金融投机就必然存在。但如果金融投机交易过度膨胀，同实体资本和实业部门的成长脱离得越来越远，便会形成泡沫经济。

在现代经济条件下，各种金融工具和金融衍生工具的出现以及金融市场日益自由化、国际化，使得泡沫经济的发生更为频繁，波及范围更加广泛，危害程度更加严重，处理对策更加复杂。泡沫经济的根源在于虚拟经济对实体经济的偏离，即虚拟资本超过现实资本所产生的虚拟价值部分。

泡沫经济得以形成具有以下两个重要原因：

第一，宏观环境宽松，有炒作的资金来源。

泡沫经济都是发生在国家对银根放得比较松、经济发展速度比较快的阶段，社会经济表面上呈现一片繁荣，为泡沫经济提供了炒作的资金来源。一些手中拥有资金的企业和个人首先想到的是把这些资金投到有保值增值潜力的资源上，这就是泡沫经济成长的社会基础。

第二，社会对泡沫经济的形成和发展缺乏约束机制。

对泡沫经济的形成和发展进行约束，关键是对促进经济泡沫成长的各种投机活动进行监督和控制，但到目前为止，还缺乏这种监控的手段。这种投机活动发生在投机当事人之间，是两两交易活动，没有一个中介机构能去监控它。作为投机过程中的最关键的一步——货款支付活动，更没有一个监控机制。

此外，很多人将泡沫经济与经济泡沫相混淆，其实泡沫经济与经济泡沫既有区别，又有一定联系。经济泡沫是市场中普遍存在的一种经济现象，是指经济成长过程中出现的一些非实体经济因素，如金融证券、债券、地价和金融投机交易等，只要控制在适度的范围内，对活跃市场经济有利。

只有当经济泡沫过多，过度膨胀，严重脱离实体资本和实业发展需要的时候，才会演变成虚假繁荣的泡沫经济。可见，泡沫经济是个贬义词，而经济泡沫则属于中性范畴。所以，不能把经济泡沫与泡沫经济简单地画等号，既要承认经济泡沫存在的客观必然性，又要防止经济泡沫过度膨胀演变成泡沫经济。

在现代市场经济中，经济泡沫会长期存在。一方面，经济泡沫的存在有利于资本集中，促进竞争，活跃市场，繁荣经济；另一方面，也应清醒地看到经济泡沫中的不实因素和投机因素，这些都是经济泡沫的消极成分。

辨别虚假繁荣背后的泡沫

据英国媒体报道，2008年2月，津巴布韦物价飞涨，通货膨胀率已达到令人吃惊的100500%，当地货币的纸面价值已经低于纸的价值。大街上经常看到人们费力地抱着一摞纸币出门采购日用品。初看，外来人士会以为到处都是刚中了彩票的幸运儿或是亿万富豪，但不幸的是，这一大摞货币的价值都不及制造这些货币的纸的价值。此时，2500万津巴布韦元只相当于1美元。

这就是近在眼前的恶性通货膨胀，经济可以活跃社会，同样也可以覆灭一个社会。

人们的需求是无穷无尽的，经济社会中，我们的财产迅速积累，获得无数的幸福。中国人常说"祸福相依"，我们离不开它的收益，自然也拒绝不了它带来的毁灭。经济市场自始至终都是个充满各种诱惑和陷阱的大染缸，为了利益，人们总是展开不可避免的博弈争斗，各种价值冲突愈演愈烈，货币就是人类利益驱使下的产物，恶性通货膨胀也是由此产生的。

一般情况下通货膨胀都比较温和，只有在特殊时候，才如同洪水猛兽，将人们的财产一夜吞噬。

温和的通货膨胀，是一种价格上涨缓慢且可以预测的通货膨胀。世界上许多通货膨胀都是温和的通货膨胀，物价稳定上涨，人们对货币较有信心。

急剧的通货膨胀，是指总体价格以20%、100%、200%，甚至是1000%、10000%的速度增长。发生这种通货膨胀的地区，在价格被竭力稳定后，会出现严重的经济扭曲现象，并且人们会对本国货币失去信心，运用一些价格指数或外币作为衡量物品价值的标准。

恶性通货膨胀被称为经济的癌症，这种致命的通货膨胀以百分之一百万，甚至是百分之万亿的速度上涨，可以在短时间内摧毁市场经济。

所有泡沫形成的过程都大致相似：在狂热中上涨，似乎所有人都疯狂投入其中，直到发现荒谬，于是开始恐慌，最后噩耗此起彼伏……所有这一切，源头皆为利。

【定律链接】泡沫经济如同猴子捞月

"猴子捞月"的故事大家耳熟能详。故事里，树上的猴子们一只只地拉着前面一只猴子的尾巴，形成一条链子，把最后一只猴子送到水面，让它到水中捞月。

很多人看了这个故事都觉得好笑，现在看来，这些猴子的探索精神还是不错的，通过自身实践最终明白，水中的月亮不过是天上月亮的影子，从而增长知识。倒是人类不止一次地把投影当做实体，把实体抛在脑后。归根结底，不过一个"贪"字。这比捞月的猴子高明多少呢？

猴子认为月亮在水中，可它们真正去打捞时，月亮却破了，碎了，水中的月亮只是一个美丽的影像。在经济学中，泡沫经济如同水中的月亮一样，人们对它的希望如同一种投机，人们争先恐后地进入，给社会经济带来严重危害，甚至造成经济崩溃。

西方最早出现的泡沫经济，是以投资郁金香开始的。

在16世纪中期，荷兰人开发出郁金香的很多新品种，被无数的欧洲民众喜欢。于是，荷兰的郁金香种植者们开始搜寻"变异""整形"过的花朵，以此卖高价。逐渐地，这种狂热扩散到整个荷兰。所有的荷兰家庭都建起自己的花圃，郁金香几乎布满了荷兰每一寸可利用的土地。

1636年，一枝郁金香已与一辆马车、几匹马等值，至1637年，郁金香球茎的总涨幅已高达5900%！

终于，郁金香的价格开始崩溃，暴跌不止。整个荷兰的经济都崩溃了，债务诉讼数不胜数，法庭无力审理，很多大家族衰败，老字号倒闭。荷兰的经济也在很多年之后才得以恢复。

自此之后，接二连三的泡沫经济出现在世界的各个角落。归根结底，非理性的贪欲让人们丧失了判断标准，最后自食恶果。

集聚效应：集群发展，经济更上一层楼

产业集群带动经济发展

自然界里有许多"集聚现象"，如沙漠里的灌木，科学研究表明它们的分布跟降水量和地下水系的分布有很大关系，一般呈现出成群聚集的状态，这样才能更好地存活。在现实的经济领域中，也能找到许多"集聚效应"的例子。

例如，在我国浙江，诸如小家电、制鞋、制衣、制扣、打火机等行业都各自聚集在特定的地区，形成一种地区集中化的制造业布局。20世纪90年代以来，江苏省利用外商直接投资，取得突飞猛进的发展，截止2001年底其累计利用外资额位居全国第二，仅次于广东。外商直接投资大规模进入，让集聚效应的优势明显地发挥出来，有力地促进了江苏省经济的快速增长，江苏因此成为近年来我国经济增长最快的省份之一。此外，股市中中小盘股走势的确火爆，锂电池概念、稀土永磁概念、装修装饰以及园林建筑工程等股票不断上涨，而且很多以短期之内连续涨停的极具刺激性的形式来表现，令人叹为观止。因此，深成指突破前期高点的意义比不上对中小板指数创年内新高更能吸引投资者的眼球。这些都是资金在市场上形成的集聚效应。

集聚效应出现在工业领域，能产生很好的效果，比如生产成本的降低、物流成本的降低、能源消耗的降低，等等。对于地方区域来说，集聚效应的积极作用也是很明显的，它几乎聚集了全国的顶尖的人才、科研机构、知名外企等一系列优势，

在我国，最能体现集聚效应的就是一线大城市了，这种优势主要体现在产业集聚、人力资本集聚和创新活动集聚这 3 个方面。

中关村的发展实践，突显了人才的"集聚效应"。越来越多的人才荟萃中关村科技园，实现理想成就事业。到 2009 年年底，中关村汇聚各类人才 106 万人，其中，博士及以上学历 1.1 万人，硕士学历 9.8 万人；具有高级职称的 5.5 万人，具有中级职称的 11.5 万人。这些集聚到中关村的高科技人才，提升了我国的自主创新能力，极大地推动了北京新兴产业的发展，一个具有全球影响力的科技创新中心相信在不久的未来就能成形。

同时，自从北京提出发展文化创意产业以来，北京的文化创意产业也明显呈现出集聚效应。2006 年，北京市文化创意产业从业人员 89.5 万人，资产总计 6161 亿元，业务收入 3614.8 亿元，创造增加值 812.1 亿元，占全市 GDP 的 10.3%，比 2005 年增长 15.9%。

经过不断的发展，北京文化创意产业不仅稳步发展，而且文化创意产业集聚效应日益明显。据不完全统计，北京市 2006 年 12 月挂牌的 10 个文化创意产业集聚区入驻企业 4687 家，其中，挂牌后新入驻企业 1101 家。集聚区企业 2006 年营业收入 478.5 亿元，利润 48.8 亿元，上缴税金 18.5 亿元。

上海是长三角地区的中心城市，集聚效应是它与其他城市之间关系的最主要特征。自改革开放以来，上海经济发展表现出雄厚的实力，已经连续许多年保持了两位数的 GDP 增长率。上海世博会是全球创意人和创意产业的"奥运会"，世博会上各种创

新思想、新理念、新文化、新产品的交流碰撞也将激发创意人才思维模式的转变与创新，从而推动创意产业、创意经济迈上新台阶，创意经济的发展将进一步推动国内相关产业的升级。

据不完全统计显示，截止 2009 年底，江苏共有 64 家各类文化产业园区，4 个国家级动漫产业基地，7 个国家级、18 个省级文化产业示范基地；浙江省围绕杭州、宁波、温州等中心城市形成数个文化创意产业集聚地，全省已有 18 个创意园区，3 个国家级人才培训基地。

据统计，截止 2009 年 10 月，上海市正式注册的创意产业园区达到 81 家，入驻企业超过 4000 家，总建筑面积 250 万平方米左右，相关从业人员已达 8 万余人，累计吸引了近 70 亿元社会资本参与集聚区建设。创意产业增加值从 2004 年的 493 亿元增至 2008 年的 1048.75 亿元，年均增幅 20% 以上，占全市 GDP 比重从 5.8% 提高到 7.66%。

足见，在当前由上至下力推创新型经济发展的中国，以文化产业为龙头的创意经济正在成为地方发展的"加速器"。

坚持集中发展，发挥集中优势

按照优势产业集聚发展的原则，我们要注重推动优势产业、优势资源、优势企业和要素保障集聚，把握市场需求，充分发挥主导产品的优势，推进同业集聚和产业协作，发挥其带动功能，加大整合力度，从而走上一条节约、集约的资源可持续利用之路。

实践证明，工业集中发展不仅可以结合增长方式的转变，把服务、土地、劳动力等优势聚集在一起，形成规模效益，产生集聚效应，成为加速工业化和城镇化进程的有效途径，而且成为经济发展的带动平台，体制和科技创新的试验平台。

近年来，全球的跨国公司纷纷采取"集聚生存"这种生存战略。"集聚生存"是指各个跨国公司基于各自核心竞争优势，为了获取合作伙伴的互补性资产，以扩大企业利用外部资源的边界，增强彼此的市场竞争地位，形成了一种事实上的相互依赖和互为客户或以联盟为发展的基础。跨国公司的集聚生存既是市场激烈竞争的结果，也是市场竞争的反映。随着社会分工的深化和竞争的加剧，任何一个公司都无法仅依靠自己的力量在价值链的每个环节都取得优势地位。相反，竞争促使各跨国公司将自身的资源逐渐集中于其最具优势的环节或能力，而将其不具竞争优势或优势较小的业务部分外包给其他公司。这种业务调整的结果是：各跨国公司只专注于自己最擅长的领域，而通过协议或客户网络获得公司生存所必需的外部资源支持。跨国公司这种业务整合是随着科技进步、分工细化以及市场结构的变迁持续进行的。跨国公司持续的业务分化组合的结果在客观上促进了价值链上相关公司的发展，这些公司的发展反过来更有利于跨国公司集中自身优势于全球竞争——这是一种相互依赖的网络化生存关系。集体化生存使各公司均获得了一种仅靠自身力量无法得到的市场竞争优势地位，形成了一种集聚效应。

纽约这座国际大都市是世界最大跨国公司总部最为集中之地，它可谓是全球总部经济成功典范。在财富 500 强公司中有 46 家公司总部选在纽约，并发展形成了与之配套的新型服务业。在纽约，有法律服务机构 5346 个，管理和公关机构 4297 个，计算机数据加工机构 3120 个，财会机构 1874 个，广告服务机构 1351 个，研究机构 757 个。纽约有制造业公司 1.2 万家，许多全球制造企业都在这里设立了总部机构（如洛克菲勒中心），同时纽约还是名副其实的国际金融经济中心。

香港总部经济助推国际化大都市转型。香港已经吸引数千家跨国公司在港设立亚太总部，地区总部，香港的中环区便是总部聚集的区域。目前，这一地区集中了大量的金融、保险、地产及商用服务行、中国银行新总部等，已发展为成熟而标准的 CBD，成为香港经济的"心脏"。

对我国来说，跨国公司来中国集聚产生的效应，有利有弊。跨国公司和国际资本集聚中国，促进了中国的资本形成和资本积累，中国产业结构调整与升级，先进技术和人才的引进，国内就业水平的提高和当地政府的赋税收入的增加。不过中国企业也因此将面临越来越多的具有国际竞争优势的跨国公司的挑战。

测不准定律：越是"测不准"越有创造性

我们生活在一个"测不准"的世界

德国物理学家海森堡的量子力学的测不准定律，带来了物理学上的革命，他也因此获得诺贝尔奖。这一定律冲破了牛顿力学中的死角，表明人类观测事物的精准程度是有限的，或者说错误难免，任何事皆有可能。

而对于经济学来说，索罗斯则发现了"经济学的测不准定律"。这个创造了许多金融奇迹的人，依然在创造着惊涛骇浪般的奇迹。索罗斯号称"金融天才"，从1969年启动的"量子基金"，以平均每年35%的增长率令华尔街的同行目瞪口呆。他似乎在用一种超常的力量左右着世界金融市场，创下了许多令人难以置信的业绩。

传统的经济学理论总是宣扬市场如何有规律如何有理性，而在多年的经商过程中，索罗斯却发现那些经济理论是那么地不切实际。他对华尔街进行深入分析，察觉金融市场的现实其实就是混乱无序。市场中买入卖出决策并不是建立在理想的假设基础之上，而是基于投资者的预期，数学公式是不能控制金融市场的。人们对任何事物能实际获得的认知都并不是非常完美的，投资者对某一股票的偏见，不论其肯定或否定，都将导致股票价格的上升或下跌，因此市场价格也并非总是正确的或总能反映市场未来的发展趋势的，它常常因投资者以偏概全的推测而忽略某些未来因素可能产生的影响。

实际上，并非目前的预测与未来的事件吻合，而是目前的预测造就了未来的事件。所谓金融市场的理性，其实全依赖于人的理性，赢得市场的关键在于如何把握群体心理。投资者的狂热会导致市场的跟风行为，而不理性的跟风行为会导致市场崩溃。这就是他所提出的经济学"测不准定律"。所以，投资者在获得相关信息之后做出的决定，与其说是根据客观数据做出的预期，还不如说是根据他们自己心里的感觉做出的预期。

同时，索罗斯还认为，由于市场的运作是从事实到观念，再从观念到事实，一旦投资者的观念与事实之间的差距太大，无法得到自我纠正，市场就会处于剧烈的波动和不稳定的状态，这时市场就易出现"盛—衰"序列。投资者的赢利之道就在于推断出即将发生的预料之外的情况，判断盛衰过程的出现，逆潮流而动。但同时，索罗斯也提出，投资者的偏见会导致市场跟风行为，而盲目从众的跟风行为会让人们过度投机，最终的结果就是市场崩溃。

当然，在"测不准"当中，他又有"测得准"的由盛而衰的波动定律，投资者的赢利之道就在于及时地推断出即将发生的新情况，逆流而动。可究竟何时动何时不动，又完全取决于投资者本人的悟性。他说："股市通常是不可信赖的，因而，如果在华尔街你跟着别人赶时髦，那么，你的股票经营注定是十分惨淡的。"

股市的测不准现象比比皆是。在2008年的经济背景下，国际金融危机、国内经济压力重重，分析师们存忧患意识，看空市场理所当然。但市场却否极泰来，反而杀出了一条血路，正应了这句名言：这是最坏的时候，这也是最好的时候。但过去的毕竟已经过去，股市着眼于今天和明天。在2010年之前，连续5年相关机构对股市的预测都看走了眼，大多数机构在年末对来年股市的走势都判断失误。其中2009年的股市报告，大家都可以当笑话来读，大多数专业人士的判断是2009年股市上半年没有行情，下半年有小行情，房市可能会崩盘。可是最后结果证明，2009年房市、股市走出了大牛市。

机构的预测报告本来就是顺应媒体和股民的需求而产生的，那些企图预测股市的人，天天在预测，而股市的结局跟足球赛一样，是不可预测的。从科学的角度看，本来就"测不准"的，点位测市行为本身是错的，却偏要做个正确的预测结果出来，自然是难以做得准了。

近年来，另一个遵循"测不准"原理的就是国际原油价格。许多人热衷于预测油价，对油价走势进行判断，但油价预测已经无异于猜谜游戏。因为影响油价的因素实在太多：影响油价的基本原理应该是市场供求关系，但地缘政治冲突、自然灾害影响、恐怖活动威胁以及基金投机炒作等因素扭曲了国际石油市场供需的真相，国际油价随之大起大落，上涨之高甚至大大超出一般预期。

从经济学视窗看"测不准"

经济学中常用的马歇尔局部均衡"供给—需求"模型，这一模型包含相当多的"其余条件"，如偏好稳定、市场出清、不考虑其他商品等，可是在现实经济生活中，这一点是无法办到的，我们无法构筑这样一个定律能够完全发挥作用的环境。

1974年，美国政府为清理翻新自由女神像扔弃的废料，向社会广泛招标。由于美国政府出价太低，好几个月没人应标。正在法国旅行的一个得克萨斯人听说了这件事，立即乘飞机赶往纽约，看过自由女神像下堆积如山的钢块、螺丝和木料，他喜出望外，未提任何条件。当即就签字包揽了下来。纽约的许多运输公司为他的这一愚蠢举动暗自发笑，因为在纽约州，对垃圾的处理有严格的规定，弄不好就要受到环保组织的起诉。就在一些人要看这个得克萨斯人的笑话时，他开始组织工人对废料进行分类。他让人把废铜熔化，铸成小自由女神像，用废水泥块和木头块加工成底座，把废铅、废铝做成纽约广场型的钥匙挂，最后他甚至把从自由女神像上扫下的灰尘都包装起来，出售给花店。不到3个月的时间他让这堆废料变成了 350 万美元现金，使每磅铜的价格整整翻了 1000 倍。

不得不承认，生活中有时候一个创意带来的实际成效，抵得上 100 个人缺乏创新的千篇一律的劳动。实现这种大幅度的飞跃，不仅需要主动性，还需要发挥创造力。在新的未知领域，有很多难以准确估计、精确测量的不确定性，但这些地方也正是提供跳跃的最好平台。比如，资金是制约企业初期创业发展的一个重要因素，这就为企业的前途增加了不确定性。但是，有的时候，越缺少资金，企业对市场的适应性也会因此越强。因为过分依赖资本本身就会使得公司面临风险。所以企业轻装上阵，反而能没有负担地发挥创造性。

【定律链接】创意经济发展七模式

政府驱动型：以国际战略形态由政府积极推动创意产业发展的类型。该类型以美国、英国、日本、新加坡、韩国和中国香港地区为代表，尤以英国政府 1997 年后大力推动的"创意工业"成效最为显著。

艺术家驱动型：原生态的创意经济形态。其主要代表是闻名于世的美国纽约市的 soho 区。近几年在中国出现的北京 798 厂大山子艺术区、上海苏州河仓库艺术区、昆明上河创库区等，是创意产业在中国开始起步的先声。

社区合作型：指政府在公共发展的区域政策指导下，在调动财政、税收、金融、补贴、科研、规划等政府力量的同时，充分发挥市场、社会、企业不同的创新力量，吸引各国各地创意阶层共同参与，形成复合性的区域创新商业模式创意产业新社区。这种发展形态以 20 世纪 90 年代以来东柏林旧城区的成功改造最具代表性。

传统保护型与旅游泛化型：依据本地城镇与街区的传统文化、建筑、工艺与人文资源，或利用专项基金进行传统艺术或遗产文明的保护性移植、复制与传承，均可以列为创意经济的范围；而旅游泛化型则多依靠旅游经济带动，在以旅游为主的同时，由创意艺术家与商家相互促动形成新的创意工业。

　　企业推动型：企业推动型是指企业依靠自身的资源与优势，在发现、识别并选择创意经济作为企业投资的产品方向后，整合社会创意与中介人群，与其他街区社区的发展定位形成互动与差异，成为当地创意产业的主力推动者这一创意经济发展类型。其成功案例有深圳华侨城的旅游地产双主题开发模式，成都置信地产古城再造与旅游地产模式，北京红石地产"长城公社"试验性建筑俱乐部模式，上海证大地产现代艺术馆与商业地产一体模式等。

第五章　决策中的学问

机会成本：鱼和熊掌不能兼得

有选择就有机会成本

在阳光明媚的午后，你好容易处理完公司的财务报告，想喝杯下午茶休息一下，你可能会考虑甜点选择，豆沙糕还是巧克力薄饼。

"豆沙糕还是巧克力薄饼"类似于"鱼与熊掌"，这种选择实际上就是一种机会成本的考虑。

如果你喜欢吃豆沙糕，也喜欢吃巧克力薄饼，在两者之间选择时，接受豆沙糕的机会成本是放弃巧克力薄饼。如果吃豆沙糕的收益是5，那么吃巧克力薄饼的收益是10。这样，吃豆沙糕的经济利润是负的，所以你会选择吃巧克力薄饼，而放弃豆沙糕。

值得注意的是，有些机会成本是可以用货币进行衡量的。比如，要在某块土地上发展养殖业，在建立养兔场还是养鸡场之间进行选择，由于二者只能选择其一，如果选择养兔就不能养鸡，那么养兔的机会成本就是放弃养鸡的收益。在这种情况下，人们可以根据对市场的预期大体计算出机会成本的数额，从而做出选择。但是有些机会成本是无法用货币来衡量的，它们涉及人们的情感、观念等。

机会成本广泛存在于生活当中。一个有着多种兴趣的人在上大学时，会面临选择专业的难题；辛苦了5天，到了双休日，是出去郊游还是在家看电视剧；面对同一时间的面试机会，选择了一家单位就不能去另一家单位……对于个人而言，机会成本往往是我们做出一项决策时所放弃的东西，而且常常比我们预想中的还多。

人生面临的选择何其多，人们无时无刻不在进行选择。比如是继续工作还是先去吃饭，是在这家商店买衣服还是在那家商店买衣服，是买红色的衣服还是黄色的衣服，心中有个秘密是告诉朋友还是不告诉朋友，如果告诉又告诉哪些朋友……这些选择在生活中很常见，不过似乎并不重大，所以大家轻松地做出了选择，也不会慎重考虑。

机会成本越高，选择越困难，因为在心底，我们不愿放弃任何有益的选择。但是，我们有时必须"二选一"，甚至是"三选一"，在这时，机会成本的考量将显得尤为重要。

赌博，赢不来幸福

皮皮一家的好日子在男主人失业后终止了。因为赶上金融危机，公司裁员，皮皮的男主人不幸名列其中。下岗在家赋闲的男主人成天唉声叹气，但厄运还没有结束，因为少了主要的经济来源，他们还不起贷款，不得已之下，男主人和女主人决定搬出这所房子，去找一个更小更便宜的住所。

问题随之而来，既然要节省开支，便无法养狗了，于是他们将皮皮一家三口赶了出来。皮皮一家没有了住处，只得到处流浪。皮皮在一夜之间成了无家可归的流浪狗。

那段日子，皮皮总是吃了上顿没下顿，过着没着没落的日子。一天，正当皮皮饿着肚皮睡觉的时候，爸爸忽然很兴奋地走过来，嘴里叼着一大块排骨，闻到肉香，皮皮一跃而起。它一边咬下一大块肉，一边问爸爸："这肉是从哪来的？"

"赌博赢来的。"爸爸的话让皮皮吃了一惊。

"村头有赛狗的，每天一场，谁赢了，谁就能赢得一大块排骨。"皮皮爸爸解释道。皮皮知道那样的赛狗，就是抽签决定两条狗，进入围场殴斗，决出胜负。

皮皮担忧地说："但是，爸爸，万一你被抽中和一条大狗比赛，你会输得很惨的。"

爸爸不以为然："放心，我已经找到规律了，只要我把自己的签放到最后，被抽中的对手总是弱小的狗。"

妈妈也表示了赞同："这倒是一个好办法，以后，我和皮皮就不用挨饿了。"

赌博中取得胜利的概率十分小，这就好像经济学中常说的机会成本一样。纯粹的赌博是不存在理性上的投资收益的，只不过是数学里的离散游戏而已，是概率论和经济博弈论的运用，每一次赌博的赢输概率都是一样的，这在概率论里称为"伯努利事件"。

赌博能赚到钱吗？看似非常简单的逻辑，许多人却常常栽在其中。典型的例子就是，赌徒在输钱后，总是想翻本。输掉的钱就是沉没成本，它不可能再收回来，新的"选择"是：是不是还要继续赌下一盘？再赌下一盘的收益风险是多少？这便是机会成本，我们做出一个选择后所丧失的，不作这个选择而可能获得的最大利益。

皮皮的爸爸将自己的签放到最底层，的确被抽中的概率不大，但不是完全没有可能的。皮皮的爸爸和弱势的狗殴斗，每天可以领取一块排骨，这份利润的确可观。但如果一旦被抽中与强悍的狗殴斗，那它势必会落败，一天一块排骨的收益也就没有了，而且还有可能丧命。皮皮爸爸的这种行为便可理解为机会成本。

经济学家们对此的理解便是皮皮的爸爸用自己的性命在做赌注，以赢取那一块排骨，这实际上是亏损的。果然，没过几天，皮皮担心的事就发生了。

那天和往常一样，爸爸又去赛狗，一直到晚上，它才一瘸一拐地回来了。皮皮一看就知道出事了，爸爸缓了好半天之后，才道出原委。原来那天它一去就被抽中，等它上台后，才发现对手又高又壮，是一条猎犬。

但已经上台了，皮皮爸爸只得硬着头皮打下去。很快，它被猎犬打得伤痕累累，在地上趴了好半天，才能挪着回来。

"爸爸，我早就说过，你会被大狗打得遍体鳞伤的。"皮皮看着爸爸一身的伤痕，心疼地说道。

爸爸也叹气道："我以为他们不会将两张连在一起的号码抽出来，没想到他们还真这样做了。"

皮皮看到爸爸痛苦的样子想，以后做选择一定要慎重，这种赌徒的心态是要不得的。

可以毫不夸张地说，目前比较流行的六合彩、牌九、大小、麻将、24点、赌球、赌马等都不存在长期投资必然赢利的可能性，否则那些华尔街金融投资家早就进入了。因为这些赌博都不符合经济学的条件，所以妄图靠这种赌博来博取一夜暴富，或者挣点零花钱，是不可取的。很多好赌者，包括故事中皮皮的爸爸，就是走入了这个误区，最后才伤得那么重。

赌博只是将机会成本在主观意识上放到最大，对于这种总是把成功寄希望于小概率事件的赌徒而言，失败之后的痛楚是他们无法承受的。

有时候，我们总是忽视对机会成本的计算，机会成本其实就是揭示了资源稀缺与选择多样化之间的关系。我们必须要做出选择，因为我们不能将所有资源都占到，所以，当我们只能选择一部分资源的时候，机会成本也便成了约束我们的概念。

【定律链接】用"机会成本"进行家庭理财

说得直白些，"机会成本"的思想，就是人们为了得到某种东西而放弃的东西的最大价值。在家庭理财的经济决策过程中，我们也应学会用机会成本来分析问题。

例如，今年你可能决定把家庭 10 万元的余钱投资到股市，并赚到了 2000 元的利润。你是否认为这次投资是正确的？答案是不一定。因为没有考虑到投资股票的机会成本。你本来可以把这 10 万元投资基金或者债券，甚至直接存到银行。投资股票的机会成本就是投资基金、债券或者银行赚到的利润。只有当你投资股票赚到的 2000 元利润大于其机会成本时，这一投资才是合算的。

我们在日常生活中，经常要面临各种决策，在决策过程中要面临各种选择，在做出选择的同时就必然要考虑选择的机会成本，并比较各种机会成本的大小。只有选择方案的收益大于其机会成本，这个选择方案才是正确的。因此，机会成本对每个人来说都是一个很重要的因素，因为只有充分考虑机会成本，我们所做出的决策才会更加明智。

羊群效应：别被潮流牵着鼻子走

有种选择叫"跟风"

喝惯了绿茶、橙汁、果汁的人们如今有了新的选择，以"王老吉""苗条淑女动心饮料"等为代表的一批功能性饮品纷纷开始上市。值得关注的是，这些饮料并不是由传统的食品、饮料企业推出的，生产它们的是——药企。

这些功能性饮料的显著特点是，它们除了饮料所共有的为人体补充水分的功能外，都有一些药用的功能，比如去火、瘦身。伴随着"尽情享受生活，怕上火，喝王老吉"这句时尚、动感的广告词，"王老吉"一路走红，大举进军全国市场。虽然"王老吉"最初流行于我国南方，北方人其实并没有喝凉茶的传统，但是王老吉药业巧妙地借助人人皆知的中医理念，成功地把"王老吉"打造成了预防上火的必备饮料。淡淡的药味，独特的清凉去火功能，令其从众多只能用来解渴的茶饮料、果汁饮料、碳酸饮料中脱颖而出。酷热的夏天，加上人们对川菜的喜爱，给了消费者预防上火的理由，当然也给了人们选择"王老吉"的理由。

然而这里药品专家提醒广大消费者：理性消费不跟风。医学专家指出，在王老吉凉茶的配料中，菊花、金银花、夏枯草以及甘草都是属于中药的范畴，具有清热的功能，药性偏凉，不宜当做普通食品食用。专家表示，夏枯草的功用是清肝火、散郁结，用于肝火目赤肿痛、头晕目眩、耳鸣、烦热失眠等症，它和菊花、金银花配在一起使用时，应根据具体对象的身体状况对症使用。专家认为，凉茶这种饮料并非老少皆宜，脾胃虚寒者以及糖尿病患者都不宜饮用。脾胃虚寒的人饮用后会引起胃寒、胃部不适症状，而糖尿病患者饮用后则会导致血糖升高。可见，功能性饮料并不是适合所有人群。

这也提醒了我们在消费的同时不要盲目跟风，要做到理性消费。经济学上有一个名词叫"羊群效应"，是说在一个集体里人们往往会盲目从众，在集体的运动中会丧失独立的判断。

在一群羊前面横放一根木棍，第一只羊跳了过去，第二只、第三只也会跟着跳过去；这时，把那根棍子撤走，后面的羊，走到这里，仍然像前面的羊一样，向上跳一下，这就是所谓的"羊群效应"，也称"从众心理"。羊群是一个很散乱的组织，平时在一起也是盲目地左冲右撞，但一旦有一只头羊动起来，其他的羊也会不假思索地一哄而上，全然不顾前面可能有狼或者不远处有更好的草。

因此，"羊群效应"就是比喻人都有一种从众心理。从众心理很容易导致盲从，而盲从往往会使你陷入骗局或遭到失败。

其实，在现实生活中，类似的消费跟风的例子还真不少。

比如每年大学必有的"散伙饭"。

所谓的"散伙饭"就是"离别饭"。三四年的同学、宿舍密友，转眼间就要各奔东西了，这个时候自然要聚一聚，喝酒、聊天，于是，"散伙饭"成了大学生表达彼此间依依惜别之情的方式。

然而，作为大学里最后记忆的"散伙饭"，却渐渐地变了味道。"散伙饭"不仅越吃越多，还越吃越高档，成了"奢侈饭"。

大学生毕业的时候吃"散伙饭"，显然已经成了一种惯例，届届相传。其实，"散伙饭"只是大学生的一种"跟风"现象。

看到以前的学长们在吃"散伙饭"，看到周围的同学在吃"散伙饭"，自己怎能不吃呢？

这种一味地跟风，只图一时宣泄情绪的行为，往往给许多学生的家庭带来了财务负担。对家庭而言，培养一个大学生已经花费了不少钱财，豪华的饭局更加重了家庭的负担。家庭富裕的也许并不会在意什么，然而家庭比较贫困的呢？为了不丢孩子的面子，再"穷"也要让孩子在大学的最后时刻风风光光地毕业。这不仅突出了同学间的贫富不均的现象，反而容易引起贫困生们的自卑心理。对于学生而言，绝大多数都是依赖父母，有钱就花，花完再要，大摆饭局只为跟风、攀比，满足彼此的虚荣心，十分不利于培养学生正确的理财观、消费观，助长了社会"杯酒交盏，排场十足"的铺张浪费之风。不仅如此，错误的消费观还会影响到大学生日后就业，他们所挣的工资可能连在校时的消费水平都不如，这也就相应地加大了他们就业的压力。

"羊群效应"告诉我们，许多时候，并不是谚语说的那样——"群众的眼睛是雪亮的"。在市场中的普通大众，往往容易丧失基本判断力，人们喜欢凑热闹、人云亦云。有时候，群众的目光还投向资讯媒体，希望从中得到判断的依据。但是，媒体人也是普通群众，不是你的眼睛，你不会辨别垃圾信息就会失去方向。所以，收集信息并敏锐地加以判断，是让人们减少盲从行为，更多地运用自己理性的最好方法。

赢在自己，做一匹特立独行的狼

老猎人圣地亚哥最喜欢听狼嚎的声音。在月明星稀的深夜，狼群发出一声声凄厉、哀婉的嚎叫，老人经常为此泪流满面。他认为那是来自天堂的声音，因为那种声音总能震撼人们的心灵，让人们感受到生命的存在。

老人说："我认识这个草原上所有的狼群，但并不是通过形体来区分它们，而是通过声音——狼群在夜晚的嚎叫。每个狼群都是一个优秀的合唱团，并且它们都有各自的特点以区别于其他的狼群。在许多人看来，狼群的嚎叫并没有区别，可是我的确听出了不同狼群的不同声音。"

狼群在白天或者捕猎时很少发出声音，它们喜欢在夜晚仰着头对着天空嚎叫。对于狼群的嚎叫，许多动物学家进行过研究，但不能确定这种嚎叫的意义。也许是对生命孤独的感慨，也许是通过嚎叫表明自身的存在，也许仅仅是在深情歌唱。

在一个狼群内部，每一匹狼都具有自己独特的声音，这声音与群体内其他成员的声音不同。狼群虽然有严格的等级制度，也是最注重整体的物种，但这丝毫不妨碍它们个性的发展和展示，即使是具有最大权力的阿尔法狼，也没有权力去要求其他的狼模仿自己的声音和行为，每一匹狼都掌握着自己的命运和保留着自己的独立个性。同样，就投资而言，我们每一个人的未来终归掌握在自己手里。你愿意去做一只待宰的羔羊，还是做一匹特立独行的狼？

答案很明确，做一只待宰的羔羊肯定会被狼吃掉。可是，人们在实际的投资过程中，往往意识不到自己在不经意间已经加入了羊群。

我们要时刻保持警惕，时刻保持自己的个性，时刻保持自己的创造性，自己把握自己的未来。

下面，我们再来看一个特立独行者的例子：

20 世纪 50 年代，斯图尔特只是华盛顿一家公司的小职员。一次，他看了一部表现非洲生活的电影，发现非洲人喜爱戴首饰，就萌发了做首饰生意的念头。于是他借了几千美元，独自闯荡非洲。

经过几年的努力，他的生意已经做到了使人眼红的地步，世界各地的商人纷纷赶到非洲抢做首饰生意。

面对众多的竞争者，斯图尔特并不留恋自己开创的事业，拱手相让，从首饰生意中走出来，另辟财路。

斯图尔特的成功就是靠"独立创意"这一制胜要诀，这是他善于观察、善于思考的结果。

要想有独立的创意，就不要人云亦云，一定要培养自己独立思考的能力。

【定律链接】由从众的石油大亨看盲目投资心态

有一个非常幽默的故事：

一位石油大亨到天堂去参加会议，一进会议室，发现座无虚席，自己没有地方落座。于是，他灵机一动，大喊一声："地狱里发现石油了！"

这一喊不要紧，天堂里的石油大亨们纷纷向地狱跑去，很快，天堂里就只剩下那位石油大亨了。

这时，大亨心想，大家都跑了过去，莫非地狱里真的发现石油了？

于是，他也急匆匆地向地狱跑去。

通过这个故事我们发现，人们都有一种从众心理，这种盲从的现象就是"羊群效应"。

在实际的投资生活中，这种从众的"羊群效应"现象也比比皆是，但是，那些从众的"羊"，并没有像自己想象中的那样赚到利润，而是很容易地成为被"宰割"的对象。

就拿中国目前的股市来说，很多散户被股市情绪控制，从而出现从众心理：好的时候都蜂拥而上，坏的时候都消极沮丧。其实，在股市投资中，往往是少数人的看法才是正确的。

例如，股市大亨们想从散户手中拿到廉价的筹码，一般喊一嗓子："天堂在2500点以下！"结果，那些原先看好3000点的散户都会纷纷放弃原有位置，蜂拥到2500点去寻找自己的天堂。但是，通往2500点的路很快就被截断了，当他们不得不回来后，却发现自己原来的位置被大亨们占据了。两手空空的散户们仍然渴望进入天堂，这时，大亨们又喊话了："上帝说，真正的天堂是在5000点上方。"有些散户忘了先前吃的亏，再一次相信这种忽悠，同时，由于从众心理，其他散户也会随之争先恐后涌向5000点，而大亨们早就半道下车了。真正倒霉的，就是那些没有主见、盲从的散户。

事实上，无论是投资股票、基金，还是自己投资开公司，心态是非常关键的。社会心理学家研究发现，持某种意见的人数多少是影响从众心理最重要的一个因素，很少有人能够在众口一词的情况下，还坚持自己的不同意见。

虽然我们每个人都认为自己有判断能力，但是，在很多时候，我们总是不自觉地随大流，因为我们每个人不可能对任何事情都了解得一清二楚，对于那些自己不太了解、没有把握的事情，一般就会采取随大流的做法。然而，这种做法带来的收益，往往与我们期望的大相径庭。

所以，在现实生活中，一方面，我们要保持自己心态的独立性，一旦认准了一只金蛋，就不要被别人的言论左右，假以时日让它孵化成金鸡；另一方面，我们要学会理智、不盲目，多做研究和分析，不要被众人跟风的表象迷惑，要学会透过现象看本质，以伯乐的眼光审时度势。

沉没成本：难以割舍已经失去的，只会失去更多

别在"失去"上徘徊

阿根廷著名高尔夫球运动员罗伯特·德·温森在面对失去时，表现得非常令人钦佩。一次，温森赢得了一场球赛，拿到奖金支票后，正准备驱车回俱乐部，就在这时，一个年轻女子走到他面前，悲痛地向温森表示，自己的孩子不幸得了重病，因为无钱医治正面临死亡。温森二话没说，在支票上签上自己的名字，将它送给了年轻女子，并祝福她的孩子早日康复。

一周后，温森的朋友告诉温森，那个向他要钱的女子是个骗子。温森听后惊奇道："你敢肯定根本没有一个孩子病得快要死了这回事？"朋友做了肯定的回答。温森长长出了一口气，微笑道："这真是我一个星期以来听到的最好的消息。"

温森的支票，对于他而言是已经付出的不可回收的成本，他以博大的胸襟坦然面对自己的"失"，这是一种对待沉没成本的正确态度。

如果你预订了一张电影票，已经付了票款而且不能退票，但是看了一半之后觉得很不好看，你该怎么办？

这时有两种选择：忍受着看完，或退场去做别的事情。

两种情况下你都已经付钱，所以不应该再考虑钱的事。当前要做的决定不是后悔买票了，而是决定是否继续看这部电影。因为票已经买了，后悔已经于事无补，所以应该以看免费电影的心态来决定是否再看下去。作为一个理性的人，选择把电影看完就意味着要继续受罪，而选择退场无疑是更为明智的做法。

沉没成本从理性的角度说是不应该影响我们决策的，因为不管你是不是继续看电影，你的钱已经花出去了。作为一个理性的决策者，你应该仅仅考虑将来要发生的成本（比如需要忍

受的狂风暴雨）和收益（看电影所带来的满足和快乐）。

有一位先生，总是带着一条颜色很难看的领带。当他的朋友终于忍不住告诉他这条领带并不适合他时，他回答："哎，其实我也觉得这条领带不是很适合我，可是没办法，花了500多块钱买的，总不能就扔在抽屉里睡大觉吧？那不是白白浪费了？"

这种情况十分普遍，人们在做决策的时候，往往不能割舍沉没成本，不少人还将整个人生陷入沉没成本的泥潭里无法自拔：毫无音乐细胞的人坚持把钢琴学下去，因为耗资不菲的钢琴，并且已经花不少钱报了钢琴班；两个性格不合的情侣早就没有了爱情和甜蜜，勉强在一起只因为已经在一起这么久了，为对方已经付出了那么多，怎么也耗到结婚吧……

其实，我们应该承认现实，把已经无法改变的"错误"视为昨天经营人生的坏账损失和沉没成本，以全新的面貌面对今天，这才是一种健康的、快乐的、向前看的人生态度，以这样的态度面对人生才能轻装上阵，才会有新的成功、新的人生和幸福。

忘记沉没成本，向前看

皮皮和爸爸最近住在一户人家的花园里。那家人很热情，9岁的儿子很喜欢狗，除了皮皮和爸爸，花园里还有一只可爱的小狼狗，主人常给小狼狗洗澡，带它晒太阳，皮皮看得出，这条小狼狗与这家人的感情很好。

但有一天，皮皮听到了一阵惨叫，它发现小狼狗被隔壁的大狗给咬死了。皮皮大叫，主人和他9岁的儿子赶紧出门，看到这幕惨剧，主人的儿子十分伤心，他拿着棍子就去打那条大狗。

主人却一把把他抱住："既然我们的狼狗已经死了，就不要再伤害另外一条狗了。我相信，它也不是故意的。"

满脸泪痕的小孩被主人带进了屋，皮皮不满意了："这个男主人真是冷血，自己的宠物被咬死了，也不报仇，就这样算了，真没感情。"

皮皮爸爸说："反正都死了，就算把那条大狗杀死，这条小狼狗也是不可能复活的，这样的沉没成本何必让它再增加呢？"

皮皮摇头表示不明白。

皮皮爸爸接着启发他："好比一盆水被泼在地上，你再努力也不可能把它收回来，所以不如放弃，这就是已经成为定局的沉没成本。"

皮皮似懂非懂。

覆水难收比喻一切都已成为定局，不能更改。在经济学中，我们引入"沉没成本"的概念，代指已经付出且不可收回的成本。就好比小狼狗被大狗咬死已经成为定局，如果再打死大狗，也无法挽回，却还要支付那家主人的赔偿，所以，此刻就不能冲动。

当然，除了"冤枉钱"以外，沉没成本有时候只是商品价格的一部分。

这天，主人推着刚买不久的自行车去卖，下午他回来的时候，一脸不高兴。儿子上前问道："爸爸，你怎么了？"

"我才买的车，还是新的呢，结果到了市场上，他们每个人的开价都是那么低，我真是亏死了。"主人一肚子怨气。

"不要生气了，如果你不卖，过几天价格会更低的。"儿子安慰他。

爸爸对皮皮说："其实这也是一种沉没成本的表现。"

故事中，主人买了一辆自行车，骑了几天后低价在二手市场卖出，此时原价和他的卖出价间的差价就是沉没成本。在这种情况下，沉没成本随时间而改变，那辆自行车骑的时间越长，一般来说卖出的价会越低，这是不可避免的，当一项已经发生的投入无论如何也无法收回时，这种投入就变成了沉没成本。

每一次选择我们都要付出行动，每一次行动我们都要投入。不管我们前期所做的投入能不能收回，是否有价值，在做出下一个选择时，我们不可避免地会考虑到这些。最终，前期的投入就像坚固的铁链一样，把我们牢牢锁在原来的道路上，无法做出新的选择，而且投入越大，我们便被锁得越结实。可以说，沉没成本是路径依赖现象产生的一个主要原因。

总之，对于沉没成本不需要计较太多，就好像覆水难收，过去的就让他过去吧。这其实也是一种乐观主义精神，只要坚持下去，任何事情都会有回报的。朝前看，不回头，这样才正确。

【定律链接】换个角度想一想，"失去"也是好事情

既然沉没成本被视为"成本"的一种，那都是可能带来收益的，或许它的收益不是"种瓜得瓜种豆得豆"这样显而易见的，但绕个弯想想，当你遭遇某一种不幸的时候，或许恰恰避免了更大的不幸。

一次，印度的"圣雄"甘地乘坐火车出行，当他刚刚踏上车门时，火车正好启动，他的一只鞋子不慎掉到了车门外。就在这时，甘地麻利地脱下了另一只鞋子，朝第一只鞋子的方向扔去。有人奇怪地问他为什么？甘地道："如果一个穷人正好从铁路旁经过，他就可以拾到一双鞋，这或许对他是个收获。"

无论是甘地的鞋子还是前面温森的支票，对于他们而言都如同泼出去的水，但他们都以豁达的胸襟坦然面对自己的"失"，不仅丝毫不计较沉没成本给自己带来的损失，甚至看到了其背后的收益——给穷人留下了一双鞋。

任何事情的出现都只可能有两种结果，一种是好的，一种是坏的，各占50%的概率，万事万物都是如此。我们不妨也以这样的角度来看待沉没成本。

有一个故事说，两个旅行中的天使到一个非常贫穷的农家借宿。夫妇俩对他们非常热情，把仅有的一点食物拿出来款待客人，并且让出自己的床铺给天使睡。第二天一早，天使醒后发现农夫

和他的妻子在哭泣，他们唯一的生活来源——一头奶牛死了。

这时，年轻一些的天使非常愤怒，质问老天使为什么对如此善良的家庭，却没有动用一点法力来阻止奶牛的死亡。

老天使说，不发生不幸的另一种可能为什么就一定就是幸运呢？为什么不可能是更大的不幸呢？——昨天晚上，死神来召唤农夫的妻子，我让奶牛代替了她。

"塞翁失马焉知非福"的典故众人皆知，骑马摔断了腿本是件坏事，却因此免于征战保全了性命，这就是沉没成本显而易见的收益。可见，所有的事情都不能片面地单看事情本身，"祸兮福之所倚，福兮祸之所伏"，不仅是耳熟能详的古训，更是很多人生活经历的真实感受。因此，当生活中发生不幸的沉没成本时，我们不妨将它也看作是一种特殊的投资，或许我们会从另一个方面有所收获。

最大笨蛋理论：你会成为那个最大的傻瓜吗

没有最笨，只有更笨

1908~1914 年间，经济学家凯恩斯拼命赚钱，他什么课都讲，经济学原理、货币理论、证券投资等。凯恩斯获得的评价是："一架按小时出售经济学的机器。"

凯恩斯之所以如此玩命，是为了日后能自由并专心地从事学术研究以免受金钱的困扰。然而，仅靠讲课又能积攒几个钱呢？

终于，凯恩斯开始醒悟了。1919 年 8 月，凯恩斯借了几千英镑进行远期外汇投机。4 个月后，净赚 1 万多英镑，这相当于他讲 10 年课的收入。

投机生意赚钱容易，赔钱也容易。投机者往往有这样的经历：开始那一跳往往有惊无险，钱就这样莫名其妙进了自己的腰包，飘飘然之际又倏忽掉进了万丈深渊。又过了 3 个月，凯恩斯把赚到的钱和借来的本金亏了个精光。投机与赌博一样，人们往往有这样的心理：一定要把输掉的再赢回来。半年之后，凯恩斯又涉足棉花期货交易，狂赌一通大获成功，从此一发不可收拾，几乎把期货品种做了个遍。他还嫌不够刺激，又去炒股票。到 1937 年凯恩斯因病金盆洗手之际，他已经积攒了一生享用不完的巨额财富。与一般赌徒不同，他给后人留下了极富解释力的"赌经"——最大笨蛋理论。

什么是"最大笨蛋理论"呢？凯恩斯曾举例说：从 100 张照片中选择你认为最漂亮的脸蛋，选中有奖，当然最终是由最高票数来决定哪张脸蛋最漂亮。你应该怎样投票呢？正确的做法不是选自己真的认为最漂亮的那张脸蛋，而是猜多数人会选谁就投她一票，哪怕她丑得不堪入目。

凯恩斯的最大笨蛋理论，又叫博傻理论。你之所以完全不管某个东西的真实价值，即使它一文不值，你也愿意花高价买下，是因为你预期有一个更大的笨蛋，会花更高的价格，从你那儿把它买走。投机行为的关键是判断有无比自己更大的笨蛋，只要自己不是最大的笨蛋，结果就是赢多赢少的问题。如果再也找不到愿出更高价格的更大笨蛋把它从你那儿买走，那你就是最大的笨蛋。

对中外历史上不断上演的投机狂潮，最有解释力的就是最大笨蛋理论。

1720 年的英国股票投机狂潮有这样一个插曲：一个无名氏创建了一家莫须有的公司，自始至终无人知道这是什么公司，但认购时近千名投资者争先恐后，结果把大门都挤倒了。没有多少人相信它真正获利丰厚，而是预期更大的笨蛋会出现，价格会上涨，自己会赚钱。颇有讽刺意味的是，牛顿也参与了这场投机，结果成了"最大的笨蛋"，他因此感叹："我能计算出天体运行，但人们的疯狂实在难以估计。"

投资者的目的不是犯错，而是期待一个更大的笨蛋来替代自己，并且从中得到好处。没有人想当最大笨蛋，但是不懂如何投机的投资者，往往就成了最大笨蛋。那么，如何才能避免做最大的笨蛋呢？其实，只要具备对别人心理的准确猜测和判断能力，在别人"看涨"之前投资，在别人"看跌"之前撒手，自己注定永远也不会成为那个最大的笨蛋。

别做最后一个笨蛋

最大笨蛋理论认为，股票市场上的一些投资者根本就不在乎股票的理论价格和内在价值，他们购入股票，只是因为他们相信将来会有更傻的人以更高的价格从他们手中接过"烫山芋"。支持博傻理论的基础是投资大众对未来判定的不一致和判定的不同步。对于任何部分或总体消息，总有人过于乐观估计，也总有人趋向悲观；有人过早采取行动，也有人行动迟缓，这些判定的差异导致整体行为出现差异，并激发市场自身的激励系统，导致博傻现象的出现。

最漂亮"博傻理论"所要揭示的就是投机行为背后的动机，投机行为的关键是判断"有没有比自己更大的笨蛋"。只要自己不是最大的笨蛋，那么自己就一定是赢家，只是赢多赢少的问题；如果没有一个愿意出更高价格的更大笨蛋来做你的"下家"，那么你就成了最大的笨蛋。可以这样说，任何一个投机者信奉的无非是"最大的笨蛋"理论。

其实，在期货与股票市场上，人们所遵循的也是这个策略。许多人在高价位买进股票，等行情上涨到有利可图时迅速卖出，这种操作策略通常被市场称之为傻瓜赢傻瓜，所以只在股市处于上升行情中适用。从理论上讲，博傻也有其合理的一面，即高价之上还有高价，低价之下还有低价，其游戏规则就像接力棒，只要不是接最后一棒都有利可图，做多者有利润可赚，做空者减少损失，只有接到最后一棒者倒霉。

再如，传销在中国曾经越炒越热，受到政府屡次打击依然不断地死灰复燃，参与传销的不仅仅是些毫无经济知识的普通人，还有许多知识分子，他们的唯一目的就是获利，再获利。一瓶兰花油成本不外乎 10 元，可以传成 1000 元甚至 10000 元，兰花油其实可以忽略不计，毫不犹豫买下它入会就是期待自己后面还有更大的笨蛋，这样一个笨蛋接一个笨蛋，到最后最大的一批笨蛋出现了，赢利的是早期的笨蛋们。

20 世纪 80 年代后期，日本房地产价格暴涨，1986~1989 年，日本的房价整整涨了 2 倍。这让日本人发现炒股票和炒房地产来钱更快，于是纷纷拿出积蓄进行投机。他们知道房子虽然不值那么多钱，但他们期待有更大的笨蛋出现，到了 1993 年，最大的笨蛋出现了，国土面积相当于美国加利福尼亚州的日本，其地价市值总额竟相当于整个美国地价总额的 4 倍。这些最大笨蛋只能跳楼来解脱了。

比如说，你不知道某个股票的真实价值，但为什么你会花高价去买一股呢，因为你预期当你抛出时会有人花更高的价钱来买它。

再如今天的房市和股市，如果做头傻那是成功的，做二傻也行，别成为最后的那个大傻子就行。博傻理论告诉人们最重要的一个道理是：在这个世界上，傻不可怕，可怕的是做最后一个傻子。

【定律链接】成功就是成为最小笨蛋

一位推销员从总公司被派到欧洲分公司，他到任的时候，带来了公司写给分公司总经理的一张字条："此人才华出众，但是嗜赌如命，如你能令他戒赌，他会成为一名百里挑一的出色推销员。"

总经理看完字条，马上把这位推销员叫到自己的办公室："听说你很喜欢赌，这次你想赌什么？"

推销员回答："什么都赌，比如，我敢说你左边的屁股上有一颗胎痣。假如没有，我输你 500 美元。"

这位总经理一听叫道："好。你把钱拿出来！"接着，他十分利索地脱掉裤子，让那位推销员仔细检查了一遍，证明并无胎痣，然后推销员把钱给了经理。

事后，他拨了通电话，洋洋得意地告诉 CEO 说："你知道吗？那位推销员被我整治了一下。""怎么回事？"于是总经理把事情的经过讲了一遍。

CEO 叹了口气回答说："他出发到你那里之前，同我赌1000 美金，说在见到你的 5 分钟之内，一定能让你把屁股给他看。"停了一会儿，又说："不过，我和董事长打赌 5000 美元，说你会让这个推销员参观你的屁股。"

在这场环环相扣的博弈中，每个人都很聪明，但每个人又都是笨蛋，因为他们在把别人当做筹码的同时，又成为别人赌局中的一个筹码。

第六章　信息决定成败

格雷欣法则：劣币驱逐良币与信息不对称

劣币驱逐良币

金属货币作为主货币有较长的历史。由于直接使用金属做货币有不便之处，于是人们将金属铸造成便于携带和交易，也便于计算的"钱"。人们铸造的金属货币有了一个"面值"，或称为名义价值。这一变化，使得铸币内在的某种金属含量（如黄金含量）产生了与面值不同的可能性，如面值1克黄金的铸币，实际含金量可能并不是1克，人们可以加入一些其他低价值的金属混合铸制，但它仍然作为1克黄金进入流通领域。

16世纪的英国商业贸易已经很发达，玛丽女王时代铸制了一些成色不足（即价值不足）的铸币投入流通中。当时在英国很受王室看重的金融家兼商人托马斯·格雷欣发现，当面值相同而实际价值不同的铸币同时进入流通时，人们会将足值的货币贮藏起来，或是熔化或是流通到国外，最后回到英国偿付贸易和流通的，则是那些不足值的"劣币"，英国因此遭受巨大损失。鉴于此，格雷欣对伊丽莎白一世建议，恢复英国铸币的足够成色，以恢复英国女王的信誉和英国商人的信誉，以免良币在贸易中受到不足价值铸币的"驱逐"。

这就是劣币驱逐良币效应，产生这种现象的根源在于当事人的信息不对称。因为如果交易双方对货币的成色或者真伪都十分了解，劣币持有者就很难将手中的劣币花出去，即使能够用出去也只能按照劣币的"实际"而非"法定"价值与对方进行交易。

"劣币驱逐良币"的现象在市场上是普遍存在的。在信息不对称的前提下，因为卖方比买方掌握更多的信息，从而会产生柠檬市场效应。柠檬市场效应是指在信息不对称的情况下，往往好的商品遭受淘汰，而劣等品会逐渐占领市场，从而取代好的商品，导致市场中都是劣等品。本来按常规，降低商品的价格，该商品的需求量就会增加；提高商品的价格，该商品的供给量就会增加。但是，由于信息的不完全性和机会主义行为，有时候，降低商品的价格，消费者也不会做出增加购买的选择，提高价格，生产者也不会增加供给的现象。"二手车市场模型"可以形象地解释这种现象。

假设有一个二手车市场，买车人和卖车人对汽车质量信息的掌握是不对称的。买家只能通过车的外观、介绍和简单的现场试验来验证汽车质量的信息，很难准确判断出车的质量好坏。因此，对于买家来说，在买下二手车之前，他并不知道哪辆汽车是质量好的，他只知道市场上汽车的平均质量。当然，买家知道市场里面的好车至少要卖 6 万元，坏车最低要卖 2 万元。那么，买家在不知道车的质量的前提下，愿意出多少钱购买他所选的车呢？买家只愿意根据平均质量出价，也就是 4 万元。但是，那些质量很好的二手车卖主就不愿意了，他们的汽车将会撤出这个二手车市场，市场上只留下车辆质量低的卖家。如此反复，二手车市场上的好车将会越来越少，最终陷入瓦解。

传统的市场竞争机制得出来的结论是"优胜劣汰",可是,在信息不对称的情况下,市场的运行可能是无效率的,并且会导致"劣币驱逐良币"的恶果。产品的质量与价格有关,较高的价格导致较高的质量,较低的价格导致较低的质量。"劣币驱逐良币"使得市场上出现价格决定质量的现象,因为买者无法掌握产品质量的真实信息,这就出现了低价格导致低质量的现象。

明代四川有 3 个商人,都在市场上卖药。其中一人专门进优质药材,按照进价确定卖出价,不虚报价格,更不过多地取得赢利。另外一人进货的药材有优质的也有劣质的,售价的高低根据买者的需求程度来定。还有一人不进优质品,只求多,卖的价钱也便宜。于是人们争着到专卖劣质药的那家买药,他店铺的门槛每个月都要换一次,过了一年他就非常富裕了。那个兼顾优质品和次品的药商,前往他家买药的稍微少些,但过了两年也富裕了。而那个专门进优质品的药商,不到一年时间就穷得吃了早饭就没有晚饭了。

在这个故事中,卖优质药材的反倒穷得揭不开锅,卖劣质药材的反倒很快致富,这和柠檬市场上的"劣币驱逐良币"现象十分相似。

其实我们可以发现,格雷欣法则无处不在。比如人才市场,由于信息不对称,雇主愿意开出的是较低的工资,这根本不能满足精英人才的需要。信贷市场也有格雷欣法则发挥作用,信息不对称使贷款人只好确定一个较高的利率,结果好企业退避三舍,资金困难甚至不想还贷的企业却蜂拥而至。认识了格雷欣法则,在很多时候可以使我们避免"劣币驱逐良币"带来的危害。

劣币驱逐良币背后的信息不对称

有一个关于信息不对称的故事:

一个商人到教堂，跟神父忏悔道："我……我有罪……"

神父："说吧，我的孩子。"

商人："二战开始没多久，我藏匿了一个被纳粹追捕的犹太人……"

神父："这是好事啊，为什么你觉着有罪呢？"

商人："我把他藏在地窖里，而且……而且我让他每天交给我 15 法郎租金……"

神父："你为了这件事而忏悔吗？"

商人："是的，我现在很后悔……我一直还没有告诉他战争已经结束了！"

这个故事中的商人与犹太人对二战的认知产生了信息不对称，即商人知道战争已经结束，而犹太人并不知道战争结束了，犹太人为寻求庇护仍然每天支付租金给商人。如果在信息完全对称的情况下，即商人和犹太人都知道战争结束了，犹太人在战争结束后不可能仍每天支付租金给商人。

在现实经济中，信息不对称的情况十分普遍，它甚至影响了市场机制配置资源的效率，造成占有信息优势的一方在交易中获取太多的剩余，出现因信息力量对比过于悬殊导致利益分配结构严重失衡的情况。

人们在购买商品的过程中，对商品的个体信息认知也会产生信息不对称的情形。有些商品是内外有别的，而且很难在购买时加以检验。如瓶装的酒类，盒装的香烟，录音、录像带等。人们或是看不到商品包装内部的样子（如香烟、鸡蛋），或是看得到，却无法用肉眼辨别产品质量的好坏（如录音、录像带）。显然，对于这类产品，买者和卖者了解的信息是不一样的，卖者比买者更清楚产品实际的质量情况。

市场经济发展了几百年，都处于信息不对称的情况之下。当人们没有发现信息不对称理论的时候，比如亚当·斯密的时代，市场并没有显示出多少缺陷，斯密甚至对"看不见的手"推崇备至，自由的市场经济理论学者都宣扬市场的自由调节，反对对市场进行干预。

今天，信息经济学逐渐成为新的市场经济理论的主流，人们打破了自由市场在完全信息情况下的假设，才终于发现信息不对称的严重性，研究信息经济学的学者因而获得了1996年和2001年的诺贝尔经济学奖。

信息经济学认为，信息不对称造成了市场交易双方的利益失衡，影响社会公平、公正以及市场配置资源的效率，并且提出了种种解决的办法。但是，可以看出，信息经济学是基于对现有经济现象的实证分析得出的结论，对于解决现实中的问题还处于尝试性的研究阶段。

占有信息的人在交易中获得优势，这实际上是一种信息租金，信息租金是每一个交易环节相互联系的纽带。每一个行业都是特殊信息的汇总，生产一种产品要工程师的专业信息和技术人员的技术信息以及销售人员的市场信息，把产品变成商品进行交换，需要商人的专业渠道信息和价格信息。俗话说，隔行如隔山，这座山其实就是信息不对称，而要获得这些信息是要付出成本（代价）的。不对称信息实际上可以被看作对信息成本的投入差异，消费者往往没有对商品的信息投入成本，这必然与生产者之间产生信息投入成本差异，生产者利用信息投入差异获取利润正是为了补偿先前付出的信息成本。

信息经济学的价值不在于揭示了信息不对称，而在于说明了信息和资本、土地一样，是一种需要进行经济核算的生产要素。

【定律链接】爱情市场也是一个"劣币"与"良币"共存的市场

曾有这样一个有趣的故事：

有个长得十分漂亮的女孩子，金发碧眼，开朗大方，但一直没有男生敢追她。仰慕者们都这样想：这么漂亮的女孩，怎么轮得到我来追？肯定有那些比我更有钱的男人，比如巴菲特去追求她。于是长叹一声，转而追求其他女孩去了。

巴菲特在华尔街巧遇来纽约观光的漂亮女孩之后，也颇为心仪，但是巴菲特转念一想：这么漂亮的女孩，怎么轮得到我来追？肯定有那些比我年轻的小伙子，比如比尔·盖茨去追求她。于是巴菲特长叹一声，转而与结发老妇相伴去了。

漂亮女孩去微软公司面试时，巧遇比尔·盖茨。面对如此佳人，比尔·盖茨心中一阵激动，但他转念一想：这么漂亮的女孩，怎么轮得到我来追？肯定有那些比我更强壮的人，比如乔丹去追求她。于是比尔·盖茨长叹一声，埋头继续与司法部周旋。

漂亮女孩去观看篮球比赛时，邂逅飞人乔丹。面对如此佳人，乔丹也为之心动，但乔丹冷静下来一想：这么漂亮的女孩，怎么轮得到我来追？肯定有那些比我更英俊的小伙，比如她的同学或同事，早就已经把她追到手了。于是乔丹长叹一声，转身来个空中走步。

这就是漂亮女孩的困惑。

想追求漂亮女孩的人相互之间都不能互通信息，也不了解漂亮女孩的尴尬处境和真实想法。结果想追求她的男人都根据自己的预期来决定是否要去追求漂亮女孩。由于大家都预期追求漂亮女孩一定是极高的门槛，最后造成大家都退缩不前的局面。

在这个过程中，大家只观察到了女孩的美貌，只发现了自己的不足之处，而根本不知道其他任何信息，最后每个人都相信追求漂亮女孩的代价将是很高的，因而大家都不采取行动。反而是那些考虑问题简单、懵懵懂懂的普通男生追到了漂亮女孩——这就是典型的"劣币驱逐良币"。只不过，这里的"劣币驱逐良币"不是"劣币"有多么嚣张，而是"良币"主动让步，把机会留给"劣币"了。

这在经济学中被称为逆向选择。造成"鲜花总是插在牛粪上"的原因就是信息不对称下的逆向选择。那些对漂亮女孩向往已久的崇拜者们相互之间，以及和漂亮女孩之间都不能沟通信息，只能造成一段段充满可能的佳缘最终以遗憾告终。

爱情的市场也是一个"劣币"与"良币"共存的市场，我们在逆向选择的作用下，或许不免阴差阳错地和梦中情人擦身而过。为了最大化地避免遗憾，要么你在遇到心仪对象时好好把握，勇于追求；要么，和那些优秀的人一样，收起自己不切实际的幻想，过平平淡淡才是真的幸福生活！

啤酒效应：信号在传递过程中被无限放大或缩小

不对称信息会扭曲供应链内部的需求信息

麻省理工学院的斯特曼教授做了一个著名的实验——啤酒销售流通实验。假设制造一件成品要经过7个流程，需要7层上游厂商提供原材料和配件。如果第一个月，客户向公司下的订单是100件，为了防止缺货风险，保证安全库存，公司会要求上游厂家提供105件。

然后，公司的上游厂商为了保险，会要求他的上游厂家提供110件，以此类推，到了最上游的第七层厂商时，他所提供的数量可能达到200件之多。

10个月下来，随着时间与上下游的累计效应，这个数字会与实际需求相差很远，导致最后一层厂商损失惨重，可能受伤100倍。

"啤酒效应"暴露了供应链中信息传递的问题。不对称的信息往往会扭曲供应链内部的需求信息，而且不同阶段对需求状况有着截然不同的估计，如果不能及时详细地掌握供应链的供求状况，其结果便是导致供应链失调。可怕的市场"泡沫"，往往便是"啤酒效应"所导致的最终结果。

"啤酒效应"不仅仅是啤酒行业的现象，也是经济流通领域一种具有普遍意义的现象。"啤酒效应"产生的原因在于信息传递过程中出现了偏差。

　　春秋时宋国有一个姓丁的人家家里没有水井，需要抽出一个人专门到很远的地方打水洗涤。于是丁家下定决心打一眼井。井打好后，丁家人非常高兴，逢人便说："我们打井节省了一个人的劳动力。"人们辗转相传，越传越走样，传到最后竟然成了："丁氏打井打出了一个人。"于是，宋国的人都在议论这件事，宋国的国君也听说了这件事。宋君派人去问丁家这件事。丁氏答道："是节省了一个人的劳动力，并非打井打到了一个人！"

　　打井挖出一个人，显得荒诞不经，却有很多人相信。信息在传递的过程中，往往会发生偏差，以致产生以讹传讹的情况，这就要求人们必须加以辨别考察。

　　有信息传递就会有谬误，产生这种谬误有可能是因为传递链过长，因此要充分利用现代信息技术，减少信息传递的中间环节。此外，也可能是有些人在信息传递过程中制造虚假信息，传播谣言。因此要建立一套避免信息失真的保障制度，对那些虚假信息的制造者给予相应的处罚。

信息传递中的失真性

　　流浪狗波波在一棵树下小憩了一会儿，醒来后，发现身边围聚着一帮大爷大妈，他们仔细地盯着波波，眼都不眨一下。

　　"这是一只萨摩犬，绝对是。"一个很像学者的老头，发表了意见。

　　"他们又在讨论我的品种。"波波虽然无奈，但碍于重重人墙，它无法冲出去，只得听这些大爷大妈们争论。

　　一个大妈发表不同意见："不对不对，这条狗和我家的土狗很像，我猜它应该是一条普通的狗，顶多是条杂交狗。"

　　众人争论不休，过了许久才散开，波波方能昏头昏脑地离开。但事情还没有结束，一路上不断有人围观他。

　　两个妇女在讨论："这不是那条有着萨摩犬血统的狗吗？长得真不错。"

　　波波赶紧躲到另一端，没想到，有几个人也指着它说："就是它，就是它，那条萨摩犬，真好，能值大价钱呢。"

到走出这片生活区时，波波所听到的最后版本已经是："今天早上，本社区发现了一条富豪家遗失的名贵犬，能值很多钱，要把它抓住，富豪一定有重谢。"

波波惊出一身冷汗，它偷偷摸摸地从街角溜走，生怕人们把它捉去换钱。其实自己根本就是一条普通的狗，只不过在人们的口口相传中，变成了一条名牌狗，这真是让它哭笑不得的误会。

其实，在我们的生活中类似的事并不在少数，这就是信息在传递过程中的失真。一个人说街上有老虎，人们不信；两个人说街上有老虎，人们开始有点相信；当3个人都说街上有老虎时，人们肯定会相信了，这就是"三人成虎"。在信息传递的过程中，往往存在失真的可能性。

比如，现在以车代步成为越来越多人的选择。市中心的拥堵生活，令都市里的人们不堪重负，他们便选择在郊区买房，享受清新空气和自然魅力，但工作地点不可能变更，所以，汽车的重要性就变得不言而喻了。

但现在的汽车更新换代极快，堪比电脑、相机这些电子数码产品，所以，买二手车便成为人们的首选。二手车市场里应有尽有，不比正规汽车店里的差，价格便宜，只要能挑中一辆性能不错、价格适中的二手车，便算是赚到了。

如何才能选中一辆让人心满意足的二手车呢？普通人对于车的了解有限，他们便将希望放到了专家身上。

但专家是否就真的权威？没人可以确定，二手车的性能、价格种种因素都会令买车的人做出错误的判断，专家的许多建议很多时候只是纸上谈兵，而买车需要实际的考察和认真的审视，这是专家无法给予的，只能靠自己判断。

就好像故事中人们对待波波的态度一样，那些真专家、伪专家一渲染，人们便开始相信一些虚假的信息。买车时，正是因为信息的不对称，买二手车的人为了尽量降低风险，便使劲压低价格，所以，即便是一辆崭新的车开到二手车市场，也会大打折扣。

可见，信息失真，受损失的不仅仅是买方，卖方也不会占到便宜。随着经济学研究的深入发展，特别是社会信息化进程的加快，人们认识到，信息传递的失真会带来额外的成本，因此我们必须认识到降低或避免信息失真成本的重要性。

【定律链接】掌握信息脉象，掌握制胜法宝

在商品经济中，信息主要反映在价格上，价格信息是经济信息的中心，其他信息都是为价格信息服务的。市场经济的本质是用价格信号对社会资源进行配置，社会资源的分配和再分配过程实际上是人们围绕价格进行资源博弈的过程。对任何一种资源的优先占有都可以在博弈中获得相关的利益，信息也是一样。

人们常说，买东西的永远没有卖东西的精明，便是因为买方的信息不如卖方的全面。基于这种信息不对称，卖方总是可以凭信息优势获得商品价值以外的利润。交易关系因为信息不对称变成了委托代理关系，交易中拥有信息优势的一方为代理人，不具备信息优势的一方是委托人，交易双方实际上是在进行无休止的信息博弈。

此外，完全信息是我们做出有效决策的先决条件，谁获得的信息既丰富又准确，谁就会在经济生活中先行一步。要获得真实可靠的信息，一定要付出更多的努力才行，不但需要多听专家的意见，更要主动地把握信息的脉象。

蝴蝶效应：用"微小"信息成就高营业额

营销要抓住引发风暴的信息"蝴蝶"

1972 年，美国气象学家爱德华·罗伦兹在华盛顿的美国科

学发展学会上发表一篇演说，大意为：一只亚马孙河流域热带雨林中的蝴蝶，偶尔扇动几下翅膀，两周后，可能在美国得克萨斯州引起一场龙卷风。因为蝴蝶翅膀的扇动，导致其身边的空气系统发生变化，引起微弱气流的产生；而微弱气流的产生，又会引起它四周空气或其他系统产生相应的变化，由此引起连锁反应，最终导致天气系统的巨大变化。

故事中的规律，在销售活动中同样存在。曾经，人们一直认为，营销者的水平层次越高，就越需要抓大放小，要把精力放在做大事和要事上，不做琐屑的杂务，以高效利用时间。然而，蝴蝶效应却告诉我们：小事情一样可以导致大后果，小变化可能会引起大变化。就市场营销而言，若能合理利用蝴蝶效应，往往会起到"四两拨千斤"的作用。

据《第一财经日报》报道：2009 年 5 月，三星电子与百思买在中国正式签订了协同补货（CPFR）协议。

根据该协议，三星电子与百思买在供应链上共同管理采购预测与库存，共享客户信息，而三星的市场部将通过汇总的销售信息分析出大致的研发方向，如用户在最近半年或者一个季度喜欢什么样的手机等。

到目前为止，三星电子已经与北美和欧洲的 38 家零售流通渠道进行 CPFR 合作。从 2004 年合作开始至今，三星电子销售额增长 400%，物流库存减少 64%，预测订单的正确率提高至 93%，提前备货周期从 2005 年的 11 周缩减至 2008 年的 4 周。未来，中国的零售商也会成为三星信息链上重要的信息提供者。

在三星看来，如果高速信息流最后不能汇总到设计和专利上，那么这些信息并没有被充分利用。外部的信息获取要配合内部的积极"做功"。

信息反馈的高速战略使三星公司从缩短产品周期中获益。另外，三星还实行 B2B 和 B2C 两个市场并行，不仅生产成品还生产成品的部件，加上市场信息反馈的配合，这使得三星实现了产品多样化、大规模化和成本领导权。

三星还成立了中国经济研究院，分析的内容从家电到房地产，再到中国宏观经济。阅读该研究院的报告，读者就可以发现，三星搜集了大量第三方数据，从调研机构易观国际，到中国经济统计数据，数据量庞大。

在三星内部人士看来，这种分析对三星内部很有帮助，如中国的房地产情况就对家电销售有影响，而经济的涨落也涉及高端手机的消费心理。三星中国研究院还可对外出售报告产生收入。

故事中，三星巧妙地利用了信息的"蝴蝶效应"，使自己的营销越做越成功。

营销界名人熊兴平在《蝴蝶效应与市场营销——寻找引发销售风暴的那只蝴蝶》中曾指出：要引起一场销售的龙卷风，关键是寻找到在临界点附近那只扇动翅膀的蝴蝶。

第一，让产品成为蝴蝶。利用消费者购买行为的非线性，通过逐渐累积比竞争对手领先1%的优势（微弱优势），在正反馈的自我增加机制作用下，到达终点时便会领先100%，最终打败势均力敌的对手。

第二，让消费者成为蝴蝶。利用口碑营销的病毒式传播原理，找到一位消费者意见领袖（如种植大户、科技示范户），让他成为引发产品销售龙卷风的那只蝴蝶。

第三，让经销商成为蝴蝶。对经销商采取表扬与批评交替结合的办法，通过奖惩激励，逐步把经销商引入到混沌理论的蝴蝶模型中，最后让经销商"化蝶"引发风暴。

第四，让员工成为蝴蝶。企业员工在不同的条件下会产生天壤之别的销售业绩，若加以引导和激励，企业将呈现积极向上的竞争气氛，员工也可能成为销售竞赛中的那些蝴蝶。

第五，让企业自己成为蝴蝶。企业营销战略是既定战略（领导制定、自上而下）与随机战略（市场引导、自下而上）相结合的混沌战略，企业自己也能进入到混沌模型中而成为那只蝴蝶，如果反馈不当，就可能在一夜之间轰然倒闭；反之，企业就可能成为一夜之间崛起的黑马。

总之，营销中要充分抓住能够引发销售风暴的那只"蝴蝶"。

避免忽略缺陷造成的恶果

根据蝴蝶效应，在企业经营中，若发现公司有不合理的现象，要立刻设法改正，否则，管理上的漏洞很快就会表现在产品和服务上。所以，不要因为产品有毛病就讳而不宣，等到消费者发觉时，很可能会损害公司的名誉、信用。

有着百年辉煌历史的爱立信与诺基亚、摩托罗拉并列称雄于世界移动通讯业。但自1998年开始的3年里，当世界蜂窝电话业务高速增长时，爱立信的蜂窝电话市场份额却从18%迅速降至5%，即使在中国市场，其份额也从1/3左右迅速地滑到了2%。爱立信从手机销售头把交椅跌落，不但退出了销售三甲，而且还排在了新军三星、飞利浦之后。

为什么爱立信在中国这块风水宝地上失去了它往日的辉煌呢？

2001年，爱立信的一款型号为T28的手机存在质量问题。这本来就是一种错误，但更大的错误是爱立信漠视这一错误。

"我的爱立信手机的送话器坏了，去爱立信的维修部门，很长时间都没有解决问题，最后，他们告诉我是主板坏了，要花700块钱换主板，而我在个体维修部那里，只花25元就解决了问题。"一位消费者明确说出了爱立信存在的问题。那时，几乎所有媒体都注意到了T28的问题，似乎只有爱立信没有注意到。爱立信一再地辩解自己的手机没有问题，而是一些别有用心的人在背后捣鬼。

然而，市场不会去探究事情的真相，也不给爱立信以"申冤"的机会，无情地疏远了它。

其实，信奉"亡羊补牢"观念的中国消费者已经给了爱立信一次机会，只不过，爱立信没能好好把握。

1998年，《广州青年报》从8月21日起连续三次报道了爱立信手机在中国市场上的质量和服务问题，引发了消费者以及知名人士对爱立信的大规模批评，而且爱立信的 768、788C 以及当时大做广告的 SH888，居然没有取得入网证就开始在中国大量销售。当时，轻易不表态的电信管理部门的声明，证实了此事。至此，爱立信手机存在的问题浮出了水面。但爱立信采取掩耳盗铃的方式来解决问题，甚至试图拿钱来封媒体的嘴。爱立信广州办事处主任还心虚嘴硬地狡辩：我们的手机没有问题！

既然选择拒不认错，爱立信自然不会去解决问题，更不会切实去做服务工作。正是这一系列的质量和服务中的缺陷，使爱立信失去了中国市场。同时，也让我们明白，即使是一个由数以百万计的个人行动所构成的公司，同样经不起其中微小行动的偏离。

【定律链接】单双号限行的"蝴蝶效应"

某一天，家住北京的董明一反常态起了个大早，因为今天他要挤公交上班。这对习惯于开车上班的他来说颇有些新鲜，但没有办法，自从单双号限行开始实施以后，董明的汽车便只能轮班休息了。这些并不重要，重要的是，他作为北京市民，应积极响应政府的单双号限行政策。

在北京举办奥运会期间，政府决定单双号限行，即从 2008 年 7 月 20 日起，北京正式开始实行为期 2 个月的限行政策。试行之后，北京又正式开始实行汽车的限行措施，之后，不少省市也纷纷效仿北京的做法，希望通过单双号限行来改善交通拥堵状况。但是，效果似乎并没有预期的好，到了上下班的高峰期，堵车的情况依旧如故。

董明也发现了这点，他本以为乘坐公交车只需半个小时就可以到达单位，但没有料到，在一条路上堵了 40 分钟，公交车依然没有前行的意思，这让董明心急如焚。眼看上班的时间就要到了，他还在半路上，下也下不去车，走也走不了。

为什么限行之后，依然堵得厉害呢？董明的苦恼也是许多人的苦恼。他听到车上几个人在讨论堵车的事情。

"我这个月都是第二回迟到了，每次都是在这条路上堵着下不去。"一个年轻小伙子抱怨道。

一个老大爷不急不慌地说："急啥，过了高峰期就能走动了。"

"那我们也都迟到了，这个月的奖金又没了。"小伙子沮丧地说。

董明忍不住插嘴道："以前开车堵，现在限行了，我们坐公交车也这么堵车，真不知道以后是不是该跑步去上班。"

老大爷笑着说："其实，单双号限行只是一时限制了汽车的数量，短期内人们有可能会看到汽车流量减少，但时间长了，反而会刺激汽车的消费和使用。"

看到董明一脸迷茫，老大爷接着说："举个例子，之前车辆增加，是因社会的进步和人们收入的增加。倘若长期实行单双号限行，随着人们收入的不断增多，有车族完全可以再买第二辆车，这样，遇到限行也不必担心会影响开车出门。即便是现在，很多家庭也拥有两辆车，但一般只开一辆。结果一限行，两辆换着开，限行对他们并没有影响。看来，限行政策还是没能解决问题。"

车辆限行，却无法缓解堵车状况，这令许多市民头疼不已。现在有车一族越来越多，据有关数据统计，截止2008年年底，北京市机动车保有量已突破350万辆，平时有大约30%~40%的车被闲置而没有使用，而限行之后，这个库存被充分挖掘，反而使出行车辆增加。所以说，限行不仅对交通改善的作用有限，从另一方面来说，限行还不利于提高汽车的使用率。

根据经济学的理论，某样产品在需求一定的情况下，应当是使用率越高越好。同理，汽车也应如此，否则就是社会资源的浪费。

单双号限行政策阻碍了汽车的使用。而且短期的社会成效不能改变和降低整个社会总的用车需求，只会降低每一辆车的使用效率。

从经济学的角度来看，单双号限行这种措施并没有预想中那么完美。北京市后来又出台了限号政策，在一定程度上改善了拥堵的问题。日后，还会有更科学的办法出台，提高道路和车辆的使用效率。

囚徒困境：信息不足，决策就会迷惘

信息不足，"囚徒"陷入理性的迷宫

在某城市郊区有个足球场，有一次足球场举行一个重要的比赛，大家都想去看。到足球场有好几条路，其中有一条是最近的。王波选择了走最近的这条路，但发现其他人也都选择走这条路，于是这条路非常堵塞。因此在路上所花的时间远远多于自己的预期。好不容易来到了足球场，精彩的比赛让人大开眼界，可惜前排有人站起来，影响了自己的观看效果。王波也选择站起来，这样他能看得清晰一些，他后排的人也只好选择站起来看。最后的结果是所有人都在站着看比赛。

王波无疑是个理性人，但是大家都是理性人的时候，却没有出现理性的结局。从个休来看，他所做出的选择或决策无疑是理性的，但人人都基于同样的考虑做出相同的选择或决策时，就会发生"理性合成谬误"。

1950 年，担任斯坦福大学客座教授的数学家图克，为了更形象地说明个体理性，用 2 个犯罪嫌疑人的故事构造了一个博弈模型，即囚徒困境模型。

警方在一宗盗窃杀人案的侦破过程中，抓到两个犯罪嫌疑人。但是，他们都矢口否认曾杀过人，辩称是先发现富翁被杀，然后顺手牵羊偷了点东西。警察缺乏足够的证据指证他们所犯下的罪行，如果罪犯中至少一人供认罪行，就能确认罪名成立。

于是警方将两人隔离，以防止他们串供或结成攻守同盟，分别跟他们讲清了他们的处境和面临的选择：如果他们两人中有一人认罪，则坦白者会被立即释放而另一人将判 8 年徒刑；如果两人都坦白认罪，他们将被各判 5 年监禁；若两人都拒不认罪，因警察手上缺乏证据，他们会被处以较轻的偷盗罪各判 1 年徒刑。

那么，两个罪犯会怎样选择？

囚徒到底应该选择哪一项策略，才能将自己个人的刑期缩至最短？两名囚徒由于隔绝监禁，并不知道对方选择，也不相信对方不会背叛自己。

那么在困境中任何一名理性囚徒都会做出如此选择：

若对方选择抵赖，自己选择背叛，会让自己获释，所以会选择背叛。

若对方选择背叛，自己也要背叛，才能得到较低的刑期，所以还是选择背叛。

二人面对的情况一样，所以二人的理性思考都会得出相同的结论——选择背叛。背叛是两种策略之中的支配性策略。因此，这场博弈中唯一可能达到的均衡，就是双方都背叛对方，结果二人都服刑 5 年。这就是博弈论中经典的囚徒困境，可用下表表示。

囚徒乙 ＼ 囚徒甲	坦白	抵赖
坦白	−5，−5	−8，−0
抵赖	0，−8，	−1，−1

囚徒困境是博弈论的非零和博弈中具有代表性的例子，反映个人最佳选择并非团体最佳选择。虽然囚徒困境本身属于模型性质，但现实中的价格竞争、环境保护等方面，频繁出现类似情况。

囚徒困境假定每个参与者都是利己的，即都寻求最大的自身利益，而不关心另一参与者的利益。参与者某一策略所得利益，如果在任何情况下都比其他策略要低的话，此策略称为"严格劣势"，理性的参与者绝不会选择。另外，没有任何其他力量干预个人决策，参与者可完全按照自己的意愿选择策略。

以全体利益而言，如果两个参与者都合作保持沉默，两人都是判刑 1 年，总体利益更高，结果也比两人都背叛对方、判刑 5 年的情况好。但根据以上假设，两人均为理性个人，且只追求个人利益，均衡状况会是两个囚徒都选择背叛，结果二人判决均比合作严重，总体利益较合作为低。这就是困境所在。

囚徒困境的主旨为，囚徒们虽然彼此合作，坚不吐实，可为全体带来最佳利益，但在信息不明的情况下，出卖同伙可为自己带来利益，但是却违反了最佳共同利益。

这种困境反映了个人理性与集体理性之间的矛盾，对每个人而言都是理性的选择，能得到最优的结果，但对于整个集体来说却是非理性的，最终导致对集体中每个人都不利的结果。

每个人想到的都首先是自己的利益，进行的都是有利于自己的选择决策，但最后的结果是大家都没有从中获得好处。以一个足球队而言，当球员在赛场所想的只是自己的风采，或是自己的位置，或者是在俱乐部的前途的时候，这支球队就不会有希望了。

为避免出现"囚徒困境"，任何一个集体都应该加强内部沟通，避免出现信息不对称。只有这样，才能实现集体和内部成员利益的最大化。

增产困境：农业增产不增收

广西南宁市西乡塘区的坛洛镇，是广西香蕉的主产地之一，有着中国香蕉之乡的美称。由于天气转暖，村民们纷纷将自家种植的香蕉运往镇里的香蕉交易市场，寻找买家。

"你这个是收购的？"

"是的。"

"多少钱一串？"

"7 元钱。"

"这一串大概有多少斤？"

"大概有 60 多斤。"

"相当于多少钱一斤？"

"一角多。"

香蕉进入成熟期以后，收获和卖出的时间很短，一旦卖不出去，香蕉的外皮爆裂以后，就无法销售了。他们现在低价收购的大量香蕉都是进入成熟期蕉农没有卖得出去的香蕉。

已经进入成熟期的香蕉价格低得惊人，处在最佳销售期的香蕉在2008年一般每斤的价格在8角钱左右，现在只能卖4角，扣除中间人每斤2分钱的提成，蕉农真正卖出的价格只有3角8分钱。

卢校珠是南宁西乡塘区坛洛镇的香蕉种植户，2008年因为香蕉的价格好，夫妇俩拿出全部家当投入8万多元，种植了30多亩的香蕉。由于投入的增加以及有着多年的香蕉种植经验，2009年家里的香蕉喜获丰收。往年（每棵树）30~40斤一串，现在（每棵树）60~70斤一串，差不多增产一半。

为了使香蕉能够在收割的时节快速从田里运出，卖个好价钱，卢校珠夫妇不久前还专门花费了3.4万元，买了辆小货车。因为他们对于2009年的收入有着更多的期盼。30多亩（香蕉），大概估计能赚个8~10万元左右。

正当卢校珠夫妻俩沉浸在丰收的喜悦中时，2009年9月，卢校珠从稀少的香蕉收购商的数量上，看到了2009年香蕉行情出现的危机。

"价格低是对我们最大的打击，辛苦多少年，投资都投下去了，现在都收不回来，打击这样大，承受不了。"

在卢校珠种植的香蕉园里，已经成熟的香蕉成片地倒在地里，因为没有经销商来收购，地上的香蕉已经没人打理。

"（这片地）等于放弃了，早就放弃了，都没心情管了，心情不好怎么管。"对于2009年种植香蕉出现的这种行情，卢校珠夫妇显得非常痛心，也非常地无奈。"心里很难受，香蕉卖不出去，2009年都亏本了，明年就没有投资了。"

卢校珠夫妇算了一笔账，一亩地种植香蕉120株，他们租地花费了750元，树苗84元，肥料1360元，水电农药费用240元，防寒袋、绳索 120 元，也就是说种植一亩香蕉的成本一般在 2500 多元左右，但因为香蕉价格过低，卢校珠一家 2009 年预计要亏损 7 万多元。

广西 2009 年香蕉大丰收，但蕉农们非但没增收，反倒损失惨重。因为数十万吨的香蕉卖不出去，价格跌到了地板价，甚至只能眼睁睁看着香蕉烂在地里。这样的情形的确很反常。

"谷贱伤农"是囚徒困境的一个经典问题：在丰收的年份，农民的收入反而减少了。当粮食大幅增产后，农民为了卖掉手中的粮食，只能竞相降价。由于粮食需求缺少弹性，只有在农民大幅降低粮价后才能将手中的粮食卖出，这就意味着，在粮食丰收时往往粮价要大幅下跌。如果出现粮价下跌的百分比超过粮食增产的百分比，就会出现增产不增收甚至减收的状况。所以一些聪明的农民在博弈时，往往会选择人无我有、人有我优、人优我转的策略。

【定律链接】聪明反被聪明误的旅客

囚徒困境告诉人们怎样变得更"聪明"，如何判断人与人之间的利益关系，做出对自己最有利的选择，但恰恰是这个教人"聪明"的学问告诫大家，做人不能太"精明"了，否则得不偿失，聪明反被聪明误，弄巧成拙。

经常乘飞机的朋友都知道，如果托运的行李丢失或者托运的易损物品损坏，可以向航空公司索赔。航空公司一般是根据实际价格给予赔付的，但有时某些物品的价值不容易估算，但物件又不大，一个小东西，那怎么办呢？

有两个出去旅行的女孩，A 和 B，她们互不认识，各自在景德镇同一个瓷器店购买了一个一模一样的瓷器。当她们在上海浦东国际机场下飞机后，发现她们托运的行李中的瓷器可能由于运输途中的意外而遭到损坏，于是她们随即向航空公司提出索赔。因为物品没有发票等证明价格的凭证，于是航空公司内部评估人员约莫估算了价值应该在 1000 元以内。但是由于无法确切地知道该瓷器的价格，于是，航空公司分别告诉这两位女孩，让她们把该瓷器当时购买的价格分别写下来，然后告诉航空公司。

航空公司认为，如果这两个小姐都是诚实可信的老实人的话，那么她们写下来的价格应该是一样，如果不一样的话，则必然有人说谎，而说谎的人总是为了能获得更多的赔偿，所以可以认为申报的瓷器价格较低的那个小姐相对更加可信，因此会采用较低的那个价格作为赔偿金额，同时会给予那个给出更低价格的诚实女孩以 200 元的奖励。

这时，两个小姐各自心里就要想了，航空公司认为这个瓷器价值在 1000 元以内，而且如果自己给出的损失价格比另一个人低的话，就可以额外再得到 200 元，而自己实际损失是 888 元。

A 想了，航空公司不知道具体价格，那么 B 肯定会认为多报损失多得益，只要不超过 1000 元即可，那么 B 最有可能报的价格是 900~1000 元的某一个价格。A 心想我就报 890 元，这样航空公司肯定认为我是诚实的好姑娘，奖励我 200 元，这样我实际就可以获得 1090 元。

而 B 也想了，有句话说得好，人不犯我，我不犯人；人若犯我，我必犯人。她既然算计我，要写 890 元，我也要报复。所以，我就填 888 元原价。而 A 也不是吃素的，估计她会算到我要写 890 元，她可能就填真实价格了，我要来个更绝的，以退为攻，我填 880 元，低于真实价格，这下她肯定想不到了吧！

我们都知道，下棋、计谋之类的东西关键是要能算得比对手更远，于是这两个极其精明的人相互算计，最后，她们可能都会填 689 元，她们都认为，原价是 888 元，而自己填 689 元肯定是最低了，加上奖励的 200 元，就是 889 元，还能赚 1 元。

这两个人算计别人的本事是旗鼓相当的，她们都暗自为自己最终填了 689 元而感到兴奋不已。最后，航空公司收到她们的申报损失单，发现两个人都填了 689 元，料想这两个人都是诚实守信的好姑娘，航空公司本来预算的 2198 元的赔偿金现在只要赔偿 1378 元了。

而两个人各自只能拿到 689 元，还不足以弥补瓷器本来损失呢，亏大了吧！本来她们俩可以商量好都填 1000 元，这样她们各自都可以拿到 1000 元的赔偿金，而就是因为互相都要算计对方，要拿的比对方多，最后搞得大家都不得益。这个就是著名的"旅行者困境"博弈模型。

这个模型告诉我们一种博弈思想，做人不能够过于"精明"，太精明的人未必是真的聪明，有时精明过头了往往会变得更糟糕。当然现实生活中未必会真的出现这种超级精明的人，可以算到几十步以外，而做出自认为的最优策略。

名人效应：借名人信息扩大商品知名度

站在名人肩膀上，更容易扩大影响力

因为"体操王子"李宁的非凡成就，以李宁命名的服装也成了名牌；企业纷纷请名人代言，明星的身价因此暴涨；名人头上的光环是一笔无形的财富，具有巨大的吸引力；名人的力量是无穷的，否则就不会有"东施效颦"的典故了。

在意大利的一个小镇上，一栋看起来不起眼的二层楼住宅，下面有个毫不起眼的阳台，一扇毫不起眼的木门，旁边有一个毫不起眼的钟亭，却常常挤满了慕名而来的游客。每个人都要在阳台上摄影留念，年轻的恋人们还不忘在留言簿上写下海誓山盟，因为这是莎士比亚笔下经典爱情故事女主角朱丽叶原型的家。

这则故事反映了一种特殊的社会效应，一种能使原本的默默无闻变成众所周知，使不起眼变成全球闻名的神奇效应——名人效应。

从某种程度上讲，名人效应是一种非常有利用价值的社会效应，名人是人们心目中的偶像，名人效应就是因为名人本身有着一呼百应的影响力。

名人效应在社会中的应用是很普遍的。首先在广告方面，一打开电视机，铺天盖地的广告迎面而来，几乎大部分的广告都在利用名人效应，因为观众对名人的喜欢、信任甚至模仿，能够转化为对产品的喜欢和购买，这有利于商品的销售。在电影和电视剧市场，名人效应也是广泛存在的，借助名人的影响力提高影片的知名度，同时利用名人的个人魅力提升影片的观赏性，这些都是名人效应的应用。

许多企事业单位以及商场、酒店、学校、娱乐场所，大都愿意请政府官员或名人雅士题写名称；一些商品的宣传资料上，常常可以见到政界高级官员的题词和接见董事长、总裁的照片，就是因为人们更容易买名人的账。

还有许多人初次见面，总爱向对方夸耀自己认识某某大人物，一提到那些官居要职的人，即便攀不上亲戚，也一定要说成是自己的熟人或"朋友"，或"朋友的朋友"。这些人无非是想借名人的光环笼罩自己，扩大自己的影响力。

借用名人光环，实现商品销售

20世纪30年代初，美国有两位大学生打赌，他们寄出了一封不写收信地址，只写"居里夫人收"的信，看它能否寄到居里夫人手里。结果，这封信真的寄到了居里夫人手里。试想，如果换了一个普通人，信可能寄得到吗？

一封信如果只署上普通人的姓名，那肯定是石沉大海，但署上了居里夫人的名字，就能够准确无误地送达，因为几乎每个人都知道居里夫人。巧借名人效应，能够使我们事半功倍地达到目标。

在社会生活的许多领域，名人效应都是行之有效的。在商品销售中，利用人们对名人的仰慕心理更是十分重要的。翻开众多销售成功的案例，名人效应屡试不爽。现在，许多体育用品厂商利用世界级著名运动员大做广告，通过赞助比赛、提供比赛服装和用品的形式让著名运动员为其产品扩大影响力，这样的销售方式已经风行于全世界。

常见的利用名人效应销售商品的方法有以下几种：

（1）在书店里请名作家与顾客见面，对所购书籍签名留念，一般促销都比较好。消费者买书是为了收藏自己所喜爱作家的作品，而作家签名的书籍无疑更有纪念价值。

（2）在商场中请名演员献艺，可以吸引大量顾客，生意自然兴旺。大多数人都有凑热闹的心理，请著名演员献艺，既可以使顾客看到喜欢的演员，又能在商场引起轰动效应，增加客流量。

（3）在商品及包装上请名人写字作画。如布娃娃在美国原售价每个 20 美元，而"椰菜娃娃"设计者亲手签名的布娃娃售价曾高达 300 美元，这种"椰菜娃娃"在美国曾一度供不应求。但是邀请名人签字也不宜过多过滥，有的书法家到处为店铺题名，这无疑会在某种程度上失去名人签字的吸引力。

（4）请有关领导到商场，可吸引大批群众进店。领导的权威性无疑是巨大的，在很多百姓心里，领导认可的东西必定是货真价实的东西。

（5）在广告中邀请名人宣讲或表演，效果特别好。名人一般都具有较高的知名度，或者还有相当的美誉度，以及特定的人格魅力等，他们参与广告活动特别是直接代言产品，与其他广告形式相比，更具有吸引力、感染力、说服力、可信度，有助于引发受众的注意、兴趣和购买欲。

在选择名人进行宣传的时候，不能盲目追求大牌明星，一定要选择与宣传内容相符的明星，因为名人的类型与所带来的效应有着莫大的关联。譬如，让一位歌星去代言学校，可能起初会有不少人慕名而去，但时间一长，名人效应就会慢慢淡去。如果由一位在教育界非常有名气的学者来为学校做宣传，带来的名人效应可能会长久存在。

【定律链接】被书商利用的总统

一个出版商有一批滞销书久久不能脱手，于是他想了一个主意，让总统"帮"他卖书。计划妥当后，他给总统送去一本书，三番五次去征求意见。忙于政务的总统不愿与他过多纠缠，便回了一句："这本书不错。"出版商便借机大做广告："现有总统喜爱的书出售。"于是这些书被一抢而空。

不久，这个出版商又有书卖不出去，又送了一本给总统。总统上了一回当，想奚落他，就说："这本书糟透了。"出版商闻之，又做广告："现有总统讨厌的书出售。"仍有不少人出于好奇心而争相购买，书很快又卖完了。

第三次，出版商将书送给总统，总统接受了前两次的教训，便不做任何答复。出版商仍大做广告："现有总统难以下结论的书，欲购从速！"居然又被一抢而空。总统哭笑不得，商人大发其财。

商人利用总统的声望，大肆宣扬其书是经过总统评论的。购书者出于好奇，想知道为什么总统会觉得那本书不错、讨厌和难以下结论，所以争相购买。由于总统属于众所周知的人物，他的一举一动、一言一行都会被人关注。这位精明的出版商深谙顾客心理，巧用名人效应，在平淡中见神奇，实在是构思奇特，别出心裁。

第七章　管理学原理

二八法则：抓住起主宰作用的"关键"

无所不在的二八法则

理查德·科克在牛津大学读书时，学长告诉他千万不要上课，"要尽可能做得快，没有必要把一本书从头到尾全部读完，除非你是为了享受读书本身的乐趣。在你读书时，应该领悟这本书的精髓，这比读完整本书有价值得多"。这位学长想表达的意思实际上是：一本书80%的价值，在20%的页数中就已经阐明了，所以只要看完整部书的20%就可以了。

理查德·科克很喜欢这种学习方法，而且一直将其沿用下去。牛津并没有一个连续的评分系统，课程结束时的期末考试就足以裁定一个学生在学校的成绩。他发现，如果分析过去的考试试题，会发现把所学到与课程有关的知识的20%，甚至更少，准备充分，就有把握回答好试卷中80%的题目。这就是为什么专精于一小部分内容的学生，可以给主考人留下深刻的印象，而那些什么都知道一点，但没有一门精通的学生却考不出好成绩。这项心得让他不用披星戴月、终日辛苦地学习，但依然取得了很好的成绩。

　　理查德·科克到壳牌石油公司工作后，在可怕的炼油厂内服务。他很快就意识到，像他这种既年轻又没有什么经验的人，最好的工作也许是咨询业。所以，他去了费城，并且比较轻松地获取了 Wharton 工商管理的硕士学位，随后加盟了一家顶尖的美国咨询公司，第一个月，他领到的薪水是在壳牌石油公司的 4 倍。

　　就在这里，理查德·科克发现了许多运用二八法则的实例。咨询行业 80% 的成长，几乎全部来自专业人员不到 20% 的公司，而 80% 的快速升职也只有在小公司里才有——有没有才能根本不是主要的问题。

　　当理查德·科克离开第一家咨询公司，跳槽到第二家的时候，他惊奇地发现，新同事比以前公司的同事更有效率。

　　怎么会出现这样的现象呢？新同事并没有更卖力地工作，但他们充分利用了二八法则，他们明白，80% 的利润是由 20% 的客户带来的，这条规律对大部分公司来说都行之有效。这样一个规律意味着两个重大信息：关注大客户和长期客户。大客户所给的任务大，这表示你更有机会运用更年轻的咨询人员；长期客户的关系造就了依赖性，因为如果他们要换另外一家咨询公司，就会增加成本，而且长期客户通常不在意价钱问题。

　　对大部分的咨询公司而言，争取新客户是重点工作，但在他的新公司里，尽可能与现有的大客户维持长久关系才是明智之举。

　　不久后，理查德·科克确信，对于咨询师和他们的客户来说，努力和报酬之间也没有什么关系，即使有也是微不足道的。聪明人应该看重结果，而不是一味地努力；应该依照一些解释真理的见解做事，而不是像头老黄牛单纯地低头向前。相反，仅仅凭着脑子聪明和做事努力，不见得就能取得顶尖的成就。

　　二八法则无论是对企业家、商人还是电脑爱好者、技术工程师和其他任何人，意义都十分重大。这条法则能促进企业提高效率，增加收益；能帮助个人和企业以最短的时间获得更多的利润；能让每个人的生活更有效率、更快乐；它还是企业降低服务成本、提升服务质量的关键。

二八法则的运用

微软的创始人比尔·盖茨曾开玩笑似地说，谁要是挖走了微软最重要的约占20%的几十名员工，微软可能就完了。这里，盖茨告诉了我们一个秘密：一个企业持续成长的前提，就是留住关键性人才，因为关键人才是一个企业最重要的战略资源，是企业价值的主要创造者。

留住你的关键人才，因为关键人才的流失有时对一个企业来讲是致命的。

因此，在任何时候，你都要和他们保持良好的沟通，这种沟通不仅是物质上的，更是心理上的，让他们觉得自己在公司具有举足轻重的地位。如果他们感觉到老板对自己的赏识，他心中会升华一种责任感，从而愿意与公司共进退。

一家西方知名公司的首席执行官刚刚实行了一项革命性的举措——部门经理每季度提交关于那些有影响力、需要加以肯定的职员的报告。这位首席执行官亲自与他们联系，感谢他们的贡献，并就公司如何提高效率向他们征求意见。通过这一举措，这位首席执行官不仅有效留住了关键性的人才，还得到了他们对公司的持续发展提供的大量建议。

另外，要仔细分析关键人才在什么情况下业绩最佳，在那段时间内，他们是如何工作的。因为即使是一个关键人才，他的业绩也不是每个季度、每个月都一样的。根据二八法则，找出他们创造了80%的业绩的20%的工作时间，来分析他们在那段时间内创造佳绩的原因。

你也许会问，对表现差的那80%的销售员该怎么办？

其实这些问题你不必考虑，你要训练的是那些你打算长久留在身旁的人，若训练随时准备让他们走人的员工，才真是徒劳无功。

让关键人才来训练你打算留下来的人员，经过一个阶段之后，在受训人员中淘汰掉表现较差的一部分，只保留表现最好的20%，把80%的训练计划和精力放在他们身上，力争他们也成为公司的关键人才。这样，长江后浪推前浪，整个公司的业绩也就上升了。

一位著名的管理学者说："成功的人若分析自己成功的原因，就会发现二八法则在自己成功的道路上发挥了巨大的作用。80%的成长、获利和发展，来自20%的客人。公司至少应知道这20%是谁，才可能清楚看到未来成长的前景。"

1998年，在梅格·惠特曼出任eBay（易趣网）公司首席执行官5个星期之后，她主持了一次为期2天的会议，讨论收缩销售战线的问题，并再次检查用户数据。如果了解eBay公司每个卖家的交易量（当然这由eBay公司负责），你就可以很容易地列出双栏表格。第一栏按照递减顺序，也就是按照交易量从最大到最小的顺序将客户排列下来。第二栏进行交易量累计（例如第一栏中，第一名客户的交易量为5万美元，第二名客户的交易量为4万美元，那么，在第二栏中，对应第一名客户的交易量累计将会是5万美元，而对应第二名客户的交易量累计则为9万美元）。现在，看看第二栏，我们可以找到累计销售额占eBay公司总销售额80%的客户，从中我们可以知道eBay公司销售的集中程度怎样。

经过2天的整理和排列，惠特曼和她的团队发现，eBay公司20%的用户，占据了公司总销售量的80%。这个消息并非听听而已，它提醒大家，针对这20%客户的决策对于eBay公司的发展和收益非常关键。当eBay公司的管理者追踪这20%核心用户的身份时，他们发现这些人大都是收藏家。因此，惠特曼和她的团队决定不再像其他网站那样，通过在大众媒体上做广告去吸引客户，转而在收藏家更容易关注的玩偶收藏家、玛丽·贝丝的无檐小便帽世界等收藏专业媒体和收藏家交易展上加大宣传力度，这一决策成为eBay成功的关键。

　　将注意力集中在核心用户身上，促成了 eBay 公司大销售商计划的诞生。该计划旨在通过提升核心客户的表现，从而带动 eBay 公司自身有更好的表现。该计划向三类大销售商提供了特权和认可，他们分别是：铜牌用户，每月销售 2000 美元；银牌用户，每月销售 10000 美元；金牌用户，每月销售 25000 美元。只要大销售商获得了买家的好评，eBay 公司就会在这个销售商的名字旁边加注一个专用徽标，并给他们提供额外的客户支持。比如，金牌销售商可以拥有 24 小时客户支持的热线电话。

　　由此可见，在公司管理中，要运用二八法则来调整管理的策略，就要首先清楚掌握公司在哪些方面是赢利的，哪些方面是亏损的，只有对局势有了全面的了解，才能对症下药，制定出有利于公司发展的策略。如果脑袋里是一笔糊涂账，就无从谈起二八法则的运用，而那些琐碎、无用的事情将继续占据你的时间和精力。所以首要的任务是对公司做一次全面的分析，细心检查公司里的每个细微环节，理出那些能够带来利润的部分，从而制定出一套有利于公司成长的策略。

　　你要找出公司里什么部门业绩平平，什么部门创造了较高利润，又有哪些部门带来了严重的赤字。通过分析比较，你就会发现哪些因素在公司中起到举足轻重的作用，而另一些则在公司中的作用微不足道。

　　在企业经营中，少数的人创造了大多数的价值，获利 80% 的项目只占企业全部项目的 20%。因此，你应该学会时刻注重那关键的少数，提醒自己把主要的时间和精力放在那关键的少数上，而不是用在获利较少的多数上，泛泛地做无用功。

【定律链接】慎用二八法则

　　实际上，运用二八法则有着严格的前提假设，离开这些假设来谈论该法则的普遍适用性，就会导出十分荒谬的结论。

　　第一，假设具备事前判断关键与非关键事物所需的各种信息，否则就无法有效区别关键少数与一般多数。管理复杂系统，如果无法事先确定哪些是少数关键因素，也就不可能提出操作对策。

第二，假设少数关键要素与多数一般要素这两者之间互相独立不相关。事实上，在管理系统中，关键少数与一般多数之间往往存在着双向互动的相关性。因此，用对有机系统进行肢解的方式来获取所谓的关键因素，而把其余的部分均归为所谓的一般因素，这种做法非常荒谬。

第三，假设所找到的关键事物或环节等是可调控的，即二八法则所涉及的关键因素是人类群体理性选择的结果，它是一种人类决策可改变、可利用的规律。如果找出的关键因素是管理者及企业力量所不能改变的，却硬要试图违背理性加以改变，就如同头撞南墙、鸡蛋碰石头，其结果将以失败而告终。从这个角度来看，除非管理环境在其存在方式、发展趋势、运行模式、因果关系等方面的变化具有一定的可预见、可调控的特性，否则二八法则就只有解释性，而不具可行性，对管理者来说等于无效。

所以，关于二八法则，在使用中应该注意：

（1）要以符合一定的前提假设为先决条件。

（2）要将80%与20%看成是一个整体，也就是要在注重20%关键因素的同时，也关注80%非关键因素，在二者协调的情况下，提高整个系统的水平。

分粥规则：利己并不妨碍公平

分粥的难题

有一个很古老的故事：

有7个小矮人在一起共同生活，其中每个人都没有什么凶险祸害之心，但不免有自利的心理，他们每天要分食一锅粥，但没有称量用具。

大家发挥了聪明才智，试验了各种不同的方法，主要方法如下：

方法一：拟定一人负责分粥事宜。很快大家就发现这个人为自己分的粥最多，于是换了人，结果总是主持分粥的人碗里的粥最多。大家得出结论：权力导致腐败，绝对的权力导致绝对腐败。

方法二：大家轮流主持分粥，每人一天。虽然看起来平等了，但是每个人在一周中只有自己分粥那天吃得饱且有剩余，其余六天都饥饿难耐。结论：资源浪费。

方法三：选举一位品德尚属上乘的人。开始还能维持基本公平，但不久他就开始为自己和溜须拍马的人多分。结论：毕竟是人不是神。

方法四：选举一个分粥委员会和一个监督委员会，形成监督和制约。公平基本做到了，可是由于监督委员会经常提出多种议案，分粥委员会又据理力争，等粥分完，早就凉了。结论：类似的情况政府机构比比皆是。

方法五：每人轮流值日分粥，分粥的人最后一个领粥。结果，每次七只碗里的粥都一样多。

这就是分粥的难题。要让分粥工作既有效率又公平，确实不是一件容易的事情。所幸的是，7个小矮人通过实践，最终实现了效率与公平的共赢。

所谓"分粥规则"，是政治哲学家罗尔斯在其著作《正义论》中提出的。在这个颇有趣味的小故事背后，揭示的是社会财富的分配问题。罗尔斯把社会财富比作一锅粥，这锅粥当然不是敞开的"大锅饭"，所以罗尔斯假设7个小矮人共同分粥——这7个小矮人，实际上代表的就是政治经济学体制下的广大人民；而以上小矮人进行的不同的实验，代表的自然就是不同的政治经济体制。

在没有精确计量手段的情况下，无论选择谁来分，都会有利己嫌疑。经过多方博弈后，解决的方法就是第五种——分粥者最后喝粥，等所有人把粥领走了，"分粥者"喝剩下的那份。

因为让分粥者最后领粥，就给分粥者提出了一个最起码的要求——每碗粥都要分得很均匀，否则最少的那碗肯定是自己的。只有分得合理，自己才不至于吃亏。因此，"分粥者"即使只为自己着想，结果也是公正、公平的。

【定律链接】制度决定行为

通过分粥规则我们看到，同样是 7 个人，不同的分配制度，就会有不同的结果。所以一个单位如果有不好的工作习气，一定是机制问题，没有严格的制度奖勤罚懒。如何制定并执行系统的制度，是每个企业每一位管理者都需要思考的课题。具体可以从以下几个方面入手：

1. 构建制度、奖惩分明

古人说："知易行难。"搞好制度建设是做好工作的前提，执行制度才是提高效率的关键。要想有效执行制度，首先要培养员工对制度的认同感。针对部门、员工岗位的要求，加强组织学习和培训，使每个员工都能清楚地知道自己应该做什么，不应该做什么，企业倡导什么，反对什么，什么是不正确的行为，什么是应该坚持的底线，这样才能确保执行不出现偏差。其次，在执行制度和管理的过程中，还要不断完善和优化各类制度，时刻坚持制度是职工必须遵循的行为准绳，树立制度的权威性和执行制度的刚性，充分强调职工对制度的无条件服从和百分百的执行。再次，在执行过程中，要敢于直面问题，准确、到位、公开地点评工作中的不足，批评不良倾向，提出整改措施。要把上级的要求，与本单位的具体情况、基层班组的工作特点、职工的思想实际等，有机结合起来加以贯彻落实，防止出现形式主义、应付上级的不良现象。

2. 领导垂范、率先执行

古人说："身教重于言教。"领导的执行力是企业制度建设最有力的保证。企业的各级领导干部既是制度的制定者，也是制度的执行者。当前，一些企业中的某些各级干部还不同程度地存在软、懒、散等现象，具体讲，制度执行不下去就是新形势下"软"的表现，缺乏创新意识、工作没有激情就是"懒"的表现，中心工作不突出、工作指导不到位就是"散"的表现。企业执行力的提高，需要领导者有坚定的态度、坚强的决心、有力的措施，更需要领导者身体力行。提高企业执行力，要提高领导者自身的执行力，要坚持真抓实干，说到做到，言出必行；坚持公司制度面前人人平等，严格按章办事，不做企业特殊员工；要深入基层，了解企业，了解员工，掌握实情；要参与执行，关注细节，及时协调解决企业运营过程中存在的各类问题；要加强团结协作，推进民主管理，在重大问题决策上集思广益、群策群力，形成相互支持、协调、团结共事的局面。

3. 文化引领、广泛认同

制度建设是企业文化的重要表现之一。企业执行力文化的核心内容，是一种对制度负责、敬业的精神和服从、诚实的态度。要把"不讲任何借口"的制度准则，融合在企业文化里，印刻在员工心目中，使之成为企业每个员工的一种守则、一种信念和一种精神力量。我们知道，员工的观念改变态度才会变，态度改变执行才会变，执行改变企业才会变。因此，要充分运用"荣辱观"教育、"主人翁"教育、职业道德教育等活动，大力推进企业文化建设。开展经常性的企业精神教育，采取生动活泼、喜闻乐见的形式，灌输"执行制度不是对职工的约束，而是对职工的关爱""执行制度就是尊重自己""安全是最大的以人为本"等企业观念。教育广大员工，挑战制度和无视规定，就是无视自己生命、践踏生活，是对自己、对家人、对企业、对他人不负责任，其结果必然是失大于得，甚至失去健康和生命。除此之外，还要注重开展榜样教育，把那些体现企业文化、反映企业精神、代表企业形象的先进个人和群体树立起来，彰显他们的地位，作为企业全体员工共同学习的榜样。

犯人船理论：制度比人治更有效

没有规矩，不成方圆

18世纪，英国政府为了开发新占领的殖民地——澳大利亚，决定将已经判刑的囚犯运往此地。从英国运送到澳大利亚的船运工作由私人船主承包，政府支付长途运输费用。据英国历史学家查理·巴特森写的《犯人船》记载，1790~1792年，私人船主运送犯人到澳大利亚的26艘船共4082人，死亡498人，死亡率很高。其中有一艘名为海神号的船，424个犯人中死了158人。英国政府不仅经济上损失巨大，而且在道义上受到社会强烈谴责。

对此，英国政府实施了一种新制度以解决问题。政府不再按上船时运送的囚犯人数支付船主费用，而是按下船时实际到达澳大利亚的囚犯人数付费。新制度立竿见影。据《犯人船》记载，1793年，3艘新制度下航行的船到达澳大利亚后，422名罪犯只有1人死于途中。此后，英国政府对这些制度继续改进，如果罪犯健康良好还给船主发奖金。这样，运往澳大利亚罪犯的死亡率明显有所下降。

如果从我们熟悉的一般思维方式上寻找解决以上犯人死亡问题的方法，一般可以列举出两种，对船主进行道德说教，寄希望于私人船主良心发现，为囚犯创造更好的生活条件，或者政府进行干预，使用行政手段强迫私人船主改进运输方法。但以上两种做法都有实施难度，同时效果也许甚微。然而，新的制度却既可以顺应船主们牟利的需求，也使得犯人平安到达目的地。

这就是制度的作用。所谓制度，就是约束人们行为的各种规矩。"没有规矩，不成方圆"，制度在维护经济秩序方面起着重要作用。一个好的制度一方面可以避免人们在经济生活中的盲目性，形成统一的管理和流程，例如财务制度的建立，使得公司内部资金使用十分规范，人们只需按照相应的规定行事即可；另一方面，制度能规避机会主义行为。

制度的最大受益者是遵循制度的人

合理的制度确实可以对不规范的行为起到良好的约束与引导作用。阿里巴巴集团创办的支付宝，在电子商务一度遭受信用质疑的时刻横空出世，化繁为简，填补了中国金融业在电子商务领域的空白，让每一个消费者都可以放心地进行网上交易。支付宝取得成功的原因就在于取得了消费者的信任，而它之所以能够取得信任，就在于通过严格的制度，规范了网上交易的程序，买主和卖主的权益都得到了最大程度的保障。

可见，无论是公司的制度，还是国家的制度，跟我们每一个人都有紧密的关系。往往一个新制度的产生，会给社会带来不可估量的影响。虽然"犯人船理论"最初是源自于对犯人的约束，但最终，每一个守规矩的人，都是制度最大的受益者。

【定律链接】制度怎样才合理

在传统的智慧中，市场中的消费者是弱者，而与消费者相对的企业便是强者，为了保护弱者，政府便会出面对市场进行干预，制定出一系列的制度。

经济学的中心目标之一就是解释复杂的经济是如何运行的，这些问题涉及经济的协调机制。不同的经济社会有不同的协调机制，从而形成不同的经济体制。在这些经济体制中，其中一种协调机制是市场经济体制，它是在产权确定的条件下，由价格调节单个经济主体的决策；它像一个非常精巧的机构，通过价格和市场体系，无意识地协调着生产者及消费者的活动；它还是一部传达信息的机器，把千百万个经济主体的偏好和行为汇集在一起，很好地解决了生产什么、如何生产、为谁生产等基本的经济问题。

因此，我们说，在人类的经济生活中，在市场经济制度下，如何建立一种合理的制度，便是由效率最高的生产方式决定的。为谁生产，取决于生产要素的供给与需求，要素市场取决于工资、地租、利率和利润的多少。

公平理论：绝对公平是乌托邦

绝对的公平根本不存在

一个人不仅关心自己所得所失本身，而且还关心与别人所得所失的关系。他们是以相对付出和相对报酬全面衡量自己的得失，如果得失比例和他人相比大致相当时，就会心理平静，认为公平合理，从而心情舒畅；比别人高则令其兴奋，这是最有效的激励，但有时过高会带来心虚，不安全感激增；低于别人时同样会令其产生不安全感，心理不平静，甚至满腹怨气，工作不努力、消极怠工。因此分配合理性常是激发人在组织中工作动机的因素和动力。

早在1965年，美国心理学家约翰·斯塔希·亚当斯就已提出"公平理论"，员工的激励程度来源于对自己和参照对象的报酬和投入的比例的主观比较感觉。该理论认为，人能否受到激励，不但由他们得到了什么而定，还要由他们所得与别人所得是否公平而定。

下面，一起来看古印度《百喻经》里的一个"二子分财"的例子：

古印度有这样的习俗，父母死后要为子女留下财产，而子女之间要平分财产。有一位富商，晚年得了重病，知道自己快要死了，于是便告诉他的儿子们要平分财产。两个儿子遵照他的遗言，在他死后，提出各种平分财产的方案，可是无论哪个方案，兄弟二人都不能同时满意。

就在他们为平分遗产发愁的时候，有一个愚蠢的老人来他们家做客，见此状况，便对两兄弟说："我教你们分财物的办法，一定能分得公平，就是把所有的东西都破开成两份。怎么分呢？衣裳从中间撕开，盘子、瓶子从中间敲开，盆子、缸子从中间打开，钱也锯开，这样一切都是一人一半。"兄弟二人听到这位愚人的建议，顿然醒悟，总算找到平分遗产的方法了。但当他们按这样的方法分完遗产，才发现所有的东西都不能用了……

绝对的公平是不存在的。如果完全都按照数量上的平等来分，就会出现这种形而上学的笑话。所以，效率和公平要兼顾。

公平与否的判定受到个人的知识、修养的影响，再加上社会文化的差异，以及评判公平的标准、绩效的评定的不同等，在不同的社会中，人们对公平的观念也是不同的。但是，面对不公平待遇时，为了消除不安，人们选择的反应行为却大致相同，或者通过自我解释达到自我安慰，主观上造成一种公平的假象；或者更换比较对象，以获得主观上的公平；或者采取一定行为，改变自己或他人的得失状况；或者发泄怨气，制造矛盾；或者选择暂时忍耐或逃避。

寻找公平与效率之间的完美平衡点

在经济学上，公平与效率是个永久的话题，很多人认为两者不可兼得，要么牺牲效率，获得相对的更加公平；要么牺牲公平，去追求更大的效率。事实就是这样，最公平的方案不一定就是最有效的。

两个孩子得到一个橙子，但是在分配的问题上，两人并不能统一。两个人吵来吵去，最终达成了一致意见，由一个孩子负责切橙子，而另一个孩子选橙子。最后，这两个孩子按照商定的办法各自取得了一半橙子，高高兴兴地拿回家去了。其中一个孩子把半个橙子拿到家，把橙子皮剥掉扔进了垃圾桶，把果肉放到果汁机里榨果汁喝；另一个孩子回到家把果肉挖掉扔进了垃圾桶，把橙子皮留下来磨碎了，混在面粉里烤蛋糕吃。

两个"聪明"的孩子想到了一个公平的方法来分橙子：如果切橙子的孩子不能将橙子尽量分成均等两半，那么另一个孩子肯定会先选择较大的那一块，所以这就迫使他要进行均匀的分配，否则吃亏的就是自己。这似乎是一个"完美"的公平方案，结果双方也都很满意。然而，他们各自得到的东西却未能物尽其用，这个公平的方案并没有让双方的资源利用效率达到最优。

如果将橙子果肉掏出，全部给需要榨果汁的小孩，把橙皮全部留给需要橙皮烤蛋糕的小孩，这样就避免了果肉和果皮的浪费，达到资源利用的最大化。但对两个小孩来说，这样的方案，他们会觉得不公平而拒绝接受。

许多公司为了避免员工的不公平心理对工作效率造成影响，都对员工工资采取保密措施，使员工相互不了解彼此的收支比率，从而无法进行比较。这种做法有些类似于"纸里包火"。其实，若想要规避不公平心理的负面效应，不但要公开大家的付出与所得，还需要建立合理的工作激励机制，以及公正的奖罚制度，并铁面无私地严格执行下去。

然而事实上，要提高效率，难免就会存在不平等。要实现平等，则往往要以牺牲效率为代价。世上没有绝对的公平，公平永远是相对的。所以对于我们个人来说，不要刻意去为点滴的不公而大动干戈，也不要为过于追求效率而无视施加于大家头上的不平等。一个优秀的团体，总能做到效率与公平的兼顾，并知道何时需要注重公平，何时需更注重效率。同样，一个聪明的人在处理事务时，也总会在公平与效率之间找到完美的平衡点。

【定律链接】结果公平和机会公平

公司的年终酒会上，一个漂亮的女孩被很多男生看上了。每个人都想邀请她跳舞，却又不好意思。有几个大胆的男生来邀请女孩跳舞，女孩犹豫了一下，选择了一个年轻帅气的男生。其他男生立马撇嘴，觉得这个女孩怎么可以只看男生外表不重内涵呢？真没品位。第二次女孩又和一位中年成熟男士跳舞，其他人又撇嘴，这个女孩怎么只看男生有钱没钱呢？真虚荣。第三次女孩选择了一个长相平平的男生跳舞，其他人还撇撇嘴，他长那么丑，还没有我帅呢！她怎么这么没有品位呢！

可见，这个女孩无论如何选择，都无法达到这些男士所认为的公平。在公平与效率之间，既不能只强调效率而忽视了公平，也不能因为公平而不要效率，应该寻求一个公平与效率的最佳契合点，实现效率，促进公平。但要实现效率与公平的完美结合，又谈何容易？各方要在合作的基础上达成一种均衡，必须考虑各方的利益。在大家实力相当的时候，必须使每个人得失相当。最难的是，每个人都觉得自己得到的是最少的，无论如何都是不公平的。

在诸如此类的生活场景中，之所以总会听见人们抱怨，就是因为公平难以实现。

经济学家把公平划分为结果公平和机会公平。结果公平是由人类社会的整体性所决定的，无论强者还是弱者，每个人都应享有基本的权利，即生存和发展的权利。结果公平更加注重人的差异性，它是通过社会再分配的方式，对于弱者给予补偿，个人所得税、奢侈品税的核心思想就是通过财富转移支配达到促进社会公平的结果。

鲇鱼效应：让外来"鲇鱼"助你越游越快

鲇鱼效应就是一种负激励

挪威人喜欢吃沙丁鱼，尤其是活鱼，市场上活沙丁鱼的价格要比死鱼高许多，所以渔民总是千方百计地想让沙丁鱼活着回到

渔港。虽然经过种种努力，可绝大部分沙丁鱼还是在中途因窒息
而死亡。但有一条渔船总能让大部分沙丁鱼活着。船长严格保守
着秘密，直到船长去世，谜底才揭开，原来是船长在装满沙丁鱼
的鱼槽里放进了一条鲇鱼。鲇鱼进入鱼槽后，由于环境陌生，便
四处游动，沙丁鱼见了十分紧张，左冲右突，四处躲避，加速游动。
这样一来，一条条沙丁鱼欢蹦乱跳地回到了渔港。

这就是著名的"鲇鱼效应"，即采取一种手段或措施，刺
激一些企业活跃起来，投入市场中积极参与竞争，从而激活市
场中的同行业企业。其实质是一种负激励，是激活员工队伍的
奥秘。

比如，一个企业内部人员长期固定，就会缺乏活力与新鲜感，
从而容易产生惰性，影响企业生产效率。对企业而言，将"鲇鱼"
加进来，会制造一些紧张气氛。当员工们看见自己周围多了些
"职业杀手"时，便会有种紧迫感，觉得自己应该要加快步伐，
否则就会被挤掉。这样一来，企业就又能焕发出旺盛的活力了。

同样，如果一个人长期待在一种工作环境中反复从事着同
样的工作，很容易滋生厌倦、疲惰等负面情绪，从而导致工作
绩效明显降低，长此以往，就掉入了职业倦怠的漩涡之中。"鲇
鱼"的加入，会使人产生竞争感，从而促进自己的职业能力成
长和保持对工作的热情，这样也就容易获得职业发展的成功。

要知道，适度的压力有利于保持良好的状态，有助于挖掘
人们的潜能，从而提高个人的工作效率。例如，运动员每临近
比赛时，一定要将自己调整到能感觉到适度的压力，让自己达
到兴奋的最佳竞技状态。相反，如果不紧张、没压力感，则不
利于出成绩。可见，适度的压力对挖掘自身的内在潜力资源是
有正面意义的。

有一位经验丰富的老船长，当他的货轮卸货后在浩瀚的大海
上返航时，突然遭遇到了巨大的风暴。年轻的水手们惊慌失措，
老船长果断地命令水手们立刻打开货舱，往里面灌水。"船长是

不是疯了，往船舱里灌水只会增加船的压力，使船下沉，这不是
自寻死路吗？"

　　船长望着这群稚嫩的水手们说："百万吨的巨轮很少有被打
翻的，被打翻的常常是船身轻的小船。船在负重的时候是最安全
的，空船时则是最危险的。在船的承载能力范围之内，适当的负
重可以抵挡暴风骤雨的侵袭。"

　　水手们按照船长的吩咐去做，随着货舱里的水位越升越高，
随着船一寸一寸地下沉，依旧猛烈的狂风巨浪对船的威胁却一点
一点地减少，货轮渐渐平稳下来。

　　这就是"压力效应"。那些得过且过、没有一点压力的人，
就像是风暴中没有载货的船，人生的任何一场狂风巨浪都能将
其覆灭。而那些时刻认识到"鲇鱼效应"的存在，在生活中适
当存有压力，善于保持工作激情的人，是不会轻易被风浪击倒的，
反而时刻走在追求成功的道路上。

　　适度的压力是必要的，但若压力过度的话，不仅不会消除
厌倦慵懒的情绪，反而会激发无助、绝望等更为负面的情绪，
从而使自己的状况恶化，这就好比将许多鲇鱼放入了沙丁鱼鱼
槽中。鲇鱼是食鱼动物，正因为这种特性，加入一条鲇鱼会给
沙丁鱼带来压力，从而发生"鲇鱼效应"；然而如果放入大量
鲇鱼，这不但不能给沙丁鱼带来游动的动力，反而给它们带来
灾难。

　　对于企业中的个人来说，"鲇鱼"要么是位奖罚分明、雷
厉风行的领导，要么是位表现突出、实力强劲的同事，还有可
能是位积极向上、富有活力的下属。这些"鲇鱼"的适当存在，
都能让其他员工产生向前奋进的动力。久而久之，我们会慢慢
发觉，我们也变成了周围人眼中的"鲇鱼"，大家都处在一个
良性循环的竞争中。

　　在当今这个日新月异的社会中，原地不动就意味着退步。
若不想落后于他人，那就给自己找条"鲇鱼"吧，保持着适度
的压力，并将压力化为动力，我们就会越游越快。

引入"鲇鱼"员工

本田汽车公司的创始人本田宗一郎就曾面临这样一个问题：公司里东游西荡的员工太多，严重影响企业的效率，可是全把他们开除也不现实，一方面会受到工会方面的压力，另一方面企业也会蒙受损失。这让他左右为难。他的得力助手、副总裁宫泽就给他讲了沙丁鱼的故事。

本田听完故事，豁然开朗，连声称赞：这是个好办法。于是，本田马上着手进行人事方面的改革。经过周密的计划和努力，终于把松和公司的销售部副经理、年仅35岁的武太郎挖了过来。武太郎接任本田公司销售部经理后，首先制定了本田公司的营销法则，对原有市场进行分类研究，制订了开拓新市场的详细计划和明确的奖惩办法，并把销售部的组织结构进行了调整，使其符合现代市场的要求。上任一段时间后，武太郎凭着自己丰富的市场营销经验和过人的学识，以及惊人的毅力和工作热情，受到了销售部全体员工的好评，员工的工作热情被极大地调动起来，活力大为增强。公司的销售出现了转机，月销售额直线上升，公司在欧美及亚洲市场的知名度不断提高。

无疑，本田是"鲇鱼效应"的获益者。从那以后，本田公司每年都重点从外部"中途聘用"一些精干利索、思维敏捷的30岁左右的生力军，有时甚至聘请常务董事一级的"大鲇鱼"，这样一来，公司上下的"沙丁鱼"都有了触电式的警觉。

【定律链接】给自己找个对手

人类从古至今，总是生活在各种各样的竞争之中，一个人在职场生存和发展，就要有竞争意识，就要有一种比对手做得更好的意识。

如果没有竞争意识，就不会有奋斗和进取的动力，这样的人，终究逃不过平庸和被淘汰的命运。竞争是一种能力，只有在竞争中才能感觉到生命的存在，只有在竞争中才能感觉到自己活得充实而有意义，只有在竞争中才能真正实现自我。

　　加拿大有一位享有盛名的长跑教练，由于在很短的时间内培养出好几名长跑冠军，所以很多人都向他请教训练诀窍。谁也没有想到，成功的秘密并不在他，而是几只凶猛的狼。

　　因为这位教练给队员训练的是长跑，所以他一直要求队员们从家里出发时一定不要借助任何交通工具，必须自己一路跑来，作为每天训练的第一课。有一个队员每天都是最后一个到，而他的家并不是最远的，教练甚至想告诉他改行去干别的，不要在这里浪费时间了。

　　但是突然有一天，这个队员竟然比其他人早到了 20 分钟，教练知道他离家的时间，算了一下，他惊奇地发现，这个队员今天的速度几乎可以打破世界纪录。他见到这个队员的时候，这个队员正气喘吁吁地向他的队友们描述着今天的遭遇。原来，在离家不久经过一段 5 公里的野地时，他遇到了一匹野狼。那野狼在后面拼命地追他，他在前面拼命地跑，最后那匹野狼竟被他给甩掉了。

　　教练明白了，今天这个队员超常发挥是因为一匹野狼，他有了一个可怕的敌人，这个敌人使他把自己所有的潜能都发挥了出来。

　　从此，这个教练聘请了一个驯兽师，并找来几匹狼，每当训练的时候，便把狼放开。没过多长时间，队员们的成绩都有了大幅度的提高。

　　敌人的力量会让一个人发挥出巨大的潜能，创造出惊人的成绩，尤其是当敌人强大到足以威胁你的生命时。敌人就在你的身后，只要你一刻不努力，生命就会有万分的惊险和危难。

　　不论什么方式的竞争，也不论竞争对手是谁，竞争的具体内容怎样，总之，竞争都是为了使自己在感觉和利益上压倒对方、超越对方，在这种压倒和超越对方的竞争中得到心理上的满足，生命才会变得更有意义。

X效率理论：总有一份难以言说的"X"在发挥效力

"X效率"让鲁国取胜

鲁庄公十年的春天，势力越来越强大的齐国为了争得霸主之位，向各诸侯国展开了进攻，希望让他们臣服。鲁国作为一个小国，最早便成了待宰羔羊，迫不得已的鲁庄公不得不做出迎战决定。曹刿得知这件事后请求和庄公一起出战。在长勺交战中，由于曹刿高超的指挥才能，齐军大败，鲁军乘胜追击，一举获胜，一时声名大噪。

曹刿之所以能指挥有方，打赢一场漂亮的仗，主要靠士气。"一鼓作气，再而衰，三而竭。"他们利用第一次击鼓能振作士兵的士气，第二次击鼓时士气减弱，到第三次击鼓时士气已经消失了的原理，在敌方鸣完三鼓后才让自己的士兵出击，此时士兵士气正旺，所以以少胜多，得以全胜。

鲁国胜利的决定因素是士兵的旺盛士气。假如齐国鸣完第一鼓后，鲁庄公不听曹刿的意见，立刻命令自己弱小的兵团去跟齐国庞大的军队交战，那无异于鸡蛋碰石头。可见，士气在战争中是至关重要的。对此，美国经济学家莱宾斯坦于1966年提出的"X效率理论"可做出解释。

莱宾斯坦的X效率理论认为，可以计量的生产要素投入并不能完全决定产量。决定产量的除了生产要素的数量外还有一个托尔斯泰所说的未知因素，即X因素。就军队的情况而言，这个X因素是士气；就企业生产而言，则为内部成员的努力程度。由资源配置最优化引起的效率称为"资源配置效率"，而由这种X因素引起的效率就称为"X效率"，这两种效率同样都会使产量增加。

"X效率"让一切成为可能

在传统微观经济学中，将企业作为基本决策单位，也就暗含着假定集体与组成集体的个人的行为是一致的。然而这种假设是难以成立的，在当代企业中，所有权与经营权是分离的。经营者从自己的利益出发，其行为在所有者看来可能会背离企业的经营目标。而且，人的利己与惰性也会导致企业内所有者与经营者、经营者与工人之间的不协调，从而出现个人行为与集体行为的差异。也正是由于这种不一致，才使得X因素有了发挥的空间。

在相同的宏观环境下，规模相当的两个企业在投入一样的情况下，组织清晰、权责明确且管理有效的那个企业，肯定会比结构混乱、管理不善的企业产出多得多，这种差额就是X效率所产生的。

由于信息的不完全性，企业成员与企业之间的契约也是不完全契约。就工资和奖金来说，如果我们无论干什么工作，干多少，只有一两千块钱的工资，那么人的积极性就会受挫，会出现"反正我干多少都是这么点工资，与其累着自己，还不如少干点"的心理，这种心理的滋生，就会使整个企业的X效率降低。相反，如果在某项业务上领导承诺，达到多少万的业绩可以给员工多少提成或多少奖励来刺激他们的积极性，那么作为个体的员工就会考虑自身利益最大化，从而积极投入工作，企业的效益也会增加。

可见，内部刺激不足，外部刺激减弱，甚至人际关系紧张，都会削弱个人的努力程度。如果这些因素影响了企业内部每个人的努力程度，企业就会出现X低效率的情况。在激烈的市场竞争中，每个企业若想做到"鹤立鸡群"，就必须使每个员工都创造出X效率；若想在人才济济的人事竞争中脱颖而出，就必须充分发挥自己身上所拥有的X因素，创造出更多的X效率。

对于个人来说，X因素就是除自身实力外的其他影响你发挥能力的因素。比如，一个自信的人总是离成功很近，此时的"自信"便是那个 X 因素；沉着冷静，往往能让你比对手抓住更多的机会，此时的"沉着冷静"也是那个 X 因素；百折不挠，才能创造更多的惊喜，这种"百折不挠"的精神当然也是 X 因素。总之，一个人身上所有的良好素养，都会成为助你成功的 X 因素。

无论对于个人、企业，甚至是国家，X 效率的存在，使得一切皆有可能。实力虽不能决定一切，但仍然有着重要作用，如果你实力还不够强大，就更需要注意自己所拥有的那些 X 因素，合理地发挥出它们的效用，你同样也能创造出奇迹。

【定律链接】X 低效率产生的原因

X 低效率是怎么产生的呢？主要有以下几点原因：

（1）由于企业的文化氛围因素，使企业对成员的监督成本很大。

任何单位都有自己的文化氛围，小到一个家庭的和睦，大到一个学校或者一个民族的责任感和自豪感，这种文化氛围的潜移默化对组织的效率具有不明显但又重大的作用。

企业文化的核心有两个：一个是整合目标，即把个人目标整合到企业目标中；另一个是塑造共同的价值观，即让成员们有共同的价值取向和信念追求。价值观也是在变化的，例如服饰风尚的变化、人们对金钱的观点的变化等。

（2）由于人的因素，企业难以实现成本极小化。

例如，企业内部对边角废料的利用，如果没效率，则是 X 低效率。

（3）由于企业中人的因素，导致大量的本来可以利用的机会没被利用，造成 X 低效率。

例如，如果企业在职责分明的同时凝聚力强，员工能主动为企业争取机会、献计献策，则可以通过提高 X 效率来使产出逼近最大产出；如果企业人心涣散，劳资对立，大家都只管拿工资，都不关心企业发展，则必然带来 X 低效率。

（4）由于组织结构的问题，使企业难以充分调动每个人的积极性。

　　从企业规模的发展过程来看，从家族式企业、合伙式企业向职能分明的组织结构的发展充分证明了，要调动员工的积极性，企业的组织结构一定要设置合理，约束适度，有集权有分权，不然不能充分发掘内部潜力，造成 X 低效率。

　　总而言之，由于人和人行为目标的不一致，从而使得成本增加、积极性弱化等，最终导致了 X 低效率。

第八章 经营学法则

破窗效应：千里之堤，溃于蚁穴

从"小奸小恶"谈企业管理

环境具有强烈的暗示性和诱导性，不要轻易去打破任何一扇窗户，一旦一个缺口被打开，即使看上去微不足道，如果不及时制止，其恶劣影响就会滋生、蔓延，这就是所谓的破窗效应。

事实上，这一效应在企业管理中具有重要的借鉴意义。对待企业中随时可能发生的一些"小奸小恶"的态度，特别是对于触犯企业核心价值观念的一些"小奸小恶"的处理态度，是非常重要的。

美国有一家以极少炒员工著称的公司。

一天，资深熟手车工杰瑞为了赶在中午休息之前完成2/3的零件，在切割台上工作了一会儿之后，就把切割刀前的防护挡板卸下来放在一旁，没有防护挡板收取加工零件会更方便更快捷一点。大约过了一个多小时，杰瑞的举动被无意间走进车间巡视的主管逮了个正着。主管大发雷霆，除了监督杰瑞立即将防护板装上之外，还站在那里控制不住地大声训斥了半天，并声称要作废杰瑞一整天的工作量。到此，杰瑞以为结束了，没想到，第二天一上班，便有人通知杰瑞去见老板。在杰瑞受过好多次鼓励和表彰的总裁室里，杰瑞接到了要将他辞退的处罚通知。总裁说："身为老员工，你应该比任何人都明白安全对于公司意味着什么。你今天少完成几个零件，少实现利润，公司可以换个人换个时间把它们补回来，可你一旦发生事故失去健康乃至生命，那是公司永远都补偿不起的……"

离开公司那天，杰瑞流泪了，工作的几年间，杰瑞有过风光，也有过不尽如人意的地方，但公司从没有人对他说不行。可这一次不同，杰瑞知道，他这次碰到的是公司灵魂的东西。

此外，"破窗理论"还有一种比较直观的体现。在日本，有一种被称作"红牌作战"的质量管理活动：第一，清理。清楚地区分要与不要的东西，找出需要改善的事物。第二，整顿。将不要的东西贴上"红牌"。"红牌作战"的目的是，借助这一活动，让工作场所整齐清洁，塑造舒适的工作环境，久而久之，大家都遵守规则，认真工作。许多人认为，这样做太简单，芝麻小事，没什么意义。但是，一个企业产品质量是否有保障的一个重要标志，就是生产现场是否整洁。

作为一位出色的管理者，我们应当认识到破窗理论在企业中的重要作用。

对员工中发生的"小奸小恶"行为，要给予充分的重视，加重处罚力度，严肃公司法纪，这样才能防止有人效仿这种行为，积重难返。特别是对违犯公司核心理念的行为要严肃查处，绝不姑息养奸。

要鼓励、奖励"补窗"行为。不以"破窗"为理由而同流合污，反以"补窗"为善举而亡羊补牢，这体现了员工高尚的道德情操和自觉的成本意识。公司要提倡这种善举，通过表扬、奖励措施使之发扬光大。

自己要以身作则，不做"破窗"的第一人。自觉遵守公司规章制度，按程序办事，不做"旁路"程序的事。因为工作程序的制定一般都反映了对员工的约束机制，考虑了成本效益因素。违反程序，其结果往往是造成无序，破坏约束机制，增加成本，有害于公司，也有害于自己。

养成工作遵守程序的习惯，并使其成为个人的道德水平的体现。同时，不以"别人不按程序，我为什么不能"为理由放纵自己，而是坚定立场，反对违反公司规定和浪费公司资源、社会资源的行为。

危机时代，要学会"预防性管理"

美国学者菲特普曾对财富500强的高层人士进行过一次调查，高达80%的被访者认为，现代企业不可避免地要面临危机，就如人不可避免地要面临死亡，14%的人则承认自己曾面临严重危机的考验。

一般说来，企业危机是指在企业内部矛盾、企业与社会环境的矛盾激化后，企业已不能按照原来的轨道继续运行下去的紧急状态，表现为失控、失范和无序。

如今，日益激烈的竞争，充满变数的非直线性发展的外部力量的变化，彻底打破了经验主义者理想的思维方式，如果仅仅依靠并沿袭往日成功的经验来经营企业，将会在不知不觉中铸成危机。局部的、组织的甚或个人的行为，均可能演化为企业的威胁。危机一旦降临，企业可能面临的主要后果有：利润降低；市场份额减少，失去市场甚至导致破产；商业信誉被破坏，形象、声誉严重受损等。

在实际工作中，有一种叫"预防性管理"的思想，认为要想避免管理中不想要的结果出现，就要在事情发生前，采取一些具体的行动。所以，当危机即将来到时，在还未出现"破窗"现象时，我们就要首先做好预防准备。以下两点可以作为我们的参考：

第一，树立危机意识。从主观上来看，没有人希望危机出现，俗话说"天有不测风云，人有旦夕祸福"。无论是天灾还是人祸，危机都有可能发生。尽管天灾无法避免，但如有应急措施，可将损失降到最低限度或限制在最小范围；而人祸是可以避免的，关键取决于企业管理者是否重视对人祸的预防，是否有较强的危机意识。所谓树立危机意识，就是在危机发生前，对危机的普遍性有足够的认识，面对危机临危不惧，积极主动地迎战危机，充分发挥人的主动性和创造性。

第二，做好危机的预控。危机预控是在对危机进行识别、分析和评价之后，在危机产生之前，运用科学有效的理论及方法，来防止危机损失的产生、增加收益的经济活动。企业可采取回避、分散、抑制、转嫁等有效措施的有机结合，通过互相配合、互相补充，达到预防和控制危机的目的，在自我发展的同时稳定整个社会的经济秩序。

中国有句古话，"人无远虑，必有近忧"，作为企业更当如此。既然有些"破窗"不可避免，企业就应时时绷紧"破窗"这根弦。只有未雨绸缪防范"破窗"，才能修补"破窗"于旦夕之间。平时多一些"破窗"意识，多制定几套对付各种可能出现的"破窗"之策略，"破窗"来临时就会镇定从容得多，相对于没有"破窗"意识和未制定"破窗"策略的企业而言，本身就已经为自己赢得了时间差。

华盛顿合作定律：团队合作不是简单的人力相加

创建高绩效团队，让 1+1>2

法国心理学黎格曼（Ringelman,1913）进行过一项实验，专门探讨团体行为对个人活动效率的影响。他要求工人尽力拉绳子，并测量拉力。参加者有时独自拉，有时以 3 个人或 8 个人为一组拉。结果是：个体平均拉力为 63 公斤；3 人团体总拉力为 160 公斤，人均为 53 公斤；8 人团体总拉力为 248 公斤，人均只有 31 公斤，只是单人拉时力量的一半。黎格曼把这种个体在团体中较不卖力的现象称为"社会懈怠"。

关于黎格曼的实验结果，很多人都非常好奇，为什么人多反而影响工作效果呢？这就是"华盛顿合作定律"在现实中的一种表现。

在人与人的合作中，假定每个人的能力都为1，那么10个人的合作结果有时会比10大得多，有时甚至比1还要小。因为人不是静止的动物，更像是方向各异的能量，相互推动时自然事半功倍，相互抵触时则一事无成。

那么，我们如何才能创建高绩效团队，让1+1>2呢？

一家公司招聘职员，最后要从3位应聘人员中选出两个。他们给出的题目是这样的：

假如你们3个人一起去沙漠探险，在返回的半途中，车子抛锚了。这时，你们只能选择4样东西随身带着。你会选什么？这些东西分别是：镜子、刀、帐篷、水、火柴、绳子、指南针。而其中帐篷只能住两个人，水也只有一瓶矿泉水。

甲男选的是：刀、帐篷、水、火柴。

面试经理问他，为什么你第一个就要选刀？

甲男说："害人之心不可有，防人之心不可无。这帐篷只够两个人睡，水只有一瓶，万一有人为了争夺生存机会想害我呢？所以，我把刀拿到手，也就等于把所有主动权控制在了手中。"

乙女和丙男选的4样物品为：水、帐篷、火柴、绳子。

乙女解释说："水是必需品，虽然只够两个人喝，但可以省着点，相信也能够3个人一起坚持到最后；帐篷虽然只能容纳两个人睡，但是可以3个人轮换着来休息；火柴也是路上必不可少的；而绳子可以用来把3个人绑在一起，这样在风沙很大、目不见物的时候，就不会失散了。"丙男给出的解释与乙女相同。

最后，甲男被淘汰出局。

可以看出，甲被淘汰出局，是因为他没有良好的合作意识。当今社会，靠独自蛮干获得事业进步的工作大多已不复存在了；相反，现在想要有番成就，就必须寻求同事间的互相配合。团队的收益往往意味着个人事业的发展。只有去寻求同事间的协作，发挥彼此的长处，才有利于工作的完成，更有利于个人在职场上的驰骋。

同时，就任何一家企业而言，如果出了差错或面对艰巨的任务时，员工互相扯皮、敷衍了事，往往是因为责任分配不明确。为什么3个和尚没有水喝呢？原因就是没有明确的分工，如果一人各挑一天水，天天把水挑满，或者你打柴，他扫地，另一个去挑水，其结果可能会好很多。

对企业中人力资源的管理也一样，只要分工明确，互相扯皮、推卸责任的员工也就很少，就是有，也能使大家轻易地看出谁在敷衍了事，谁在互相推诿。只有让每个人都知道自己该做什么，才能遏制"华盛顿合作定律"现象的发生。

此外，我们还要明白，聚集智慧相等的人，不一定能使工作顺利进行，往往只有分工合作，才会取得辉煌的成果。在人员调配中，必须考虑员工之间的相互配合，如此才能发挥个人的聪明才智，这也是人事管理的金科玉律。一般所说的量才适用，就是把一个人安排在最合适的位置，使他能完全发挥自己的才能。然而，更进一层地分析，每个人都有长处和短处，在分工合作时，若要取长补短，就必须全面考虑双方的优点及缺点，然后再鼓励他们，齐心协力地把事情做好。

在经济日益全球化的今天，我们不可能把自己封闭起来，任何人都需要与他人进行合作才会有更好的发展。那么如何在合作中走出华盛顿合作定律的制约，取长补短，追求整体的高效率，则是大家共同的课题。

彼得原理：晋级升迁，不是爬不完的梯子

员工在合适的位置才能发挥优势

现实的管理中，我们总能发现这样的现象：一旦员工在低一级职位上干得很好，组织就会将其提升到较高一级的职位上来，一直到将员工提升到一个他所不能胜任的职位上之后，组织才会停止对他的晋升。结果本来可以在低一级职位施展才华的人，却不得不处在一个自己所不能胜任，但是级别较高的职位上，并且要在这个职位上一直耗到退休。这种状况就是彼得原理的典型体现，这对于员工和组织双方来说，都没有好处。

晋升，作为一种鼓励、奖励的手段非常普遍。然而，一些无意或"无能"的人，由于在工作中做出了成绩，被提到了高位；所面对的却可能是他们不能胜任的工作，就像爬上了一个架错墙的梯子顶端，其中滋味只有当事人知道。

下面是彼得博士的研究资料中的一个典型的案例。

杰克在汽车维修公司是一名热忱又聪明的学徒，不久他被聘为正式的机械师。

在这个职位上他表现杰出，不但能诊断汽车的疑难杂病，还能不厌其烦地加以修复，于是他又被提升为该维修厂的领班。

然而，在担任领班之后，他原先对机械的热爱和追求完美的性格反而成为他的缺点。因为不管维修厂的业务多么忙碌，他还是会承揽任何他觉得有趣的工作。

他总是说："我们总得把事情做好嘛！"而他一旦工作起来，干不到完全满意绝不轻易罢手。他事事干预，极少坐在他的办公室。他常常亲自动手修理拆卸下来的引擎，而让原本从事那件工作的人待站在一旁，并且他不会给其他工人指派新的任务。结果维修厂里总是堆着做不完的工作，总是一团糟，交货时间也经常

延误。杰克完全不了解，一般顾客并不在乎车子是否修得尽善尽美，他们只希望能如期取回车子。杰克也不了解，大部分工人对薪资比对引擎的兴趣还要浓厚。

因此，杰克对他的顾客和部属都不能应付得宜。从前他是一位能干的机械师，现在却成为不胜任的领班了。

像杰克这样被提拔，许多领导者都认为是天经地义的，是对员工工作表现的一种肯定。因为大多数公司一直把工资、奖金、头衔、提拔跟员工的表现和职业阶层挂钩，所处的阶层越高，工资就越高，额外津贴就越丰厚，头衔也越大。虽然这种出发点是好的，但结果却把每个员工都引领到十分尴尬的境地。

对于一个员工来说，他的表现是否优秀，往往是相对于他的职位而言。过高的晋升，只会让他从优秀走向不优秀，甚至是艰难。

明智的领导者，一定要懂得把下属安排到一个合适的位置，安排到一个能让他们发挥出优秀水平的位置，而不是通过一味地提拔奖励，让他们最终迷失甚至颓废在无尽的晋升阶梯中。

改革机制，避开彼得原理的陷阱

彼得原理告诉我们，在任何层级组织里，每一个人都将晋升到他不能胜任的阶层。换句话说，一个人，无论你有多大的聪明才智，也无论你如何努力进取，总会有一个你干不了的位置在等着你，并且你一定会达到那个位置。

例如，一个优秀的主治医生被提升为行政主任后无所作为，一位优秀的研究员被提升为研究院院长后无所事事，一位熟练的高级技工被提升为经理人员后束手无策……

这些彼得原理陷阱，主要是由企业的不恰当的激励机制和人员的晋升机制所产生的。那么，我们应该如何去避开这些陷阱呢？这就要求企业必须改革人员的晋升机制和激励机制。

1.建立相互独立的行政岗位和技术职务岗位升迁机制

对于企业的行政人员和专业技术人员，可以按照所属岗位性质的不同，建立相应的相互独立的行政岗位和技术岗位的职务晋升机制，且相应的技术职务岗位对应相应的行政职务岗位，享有相应的薪酬和福利等等。但是，行政职务岗位不能与相应的技术职务岗位互换。

实行双轨制，让企业的行政管理人员和技术人员分别走不同的职务晋升路线。这样，既可以满足对业绩突出人员的精神激励的要求，让不同类的员工各得其所，又能够提高企业的管理水平和科研实力。

2.加强对各类岗位的工作岗位研究

建立相互独立的行政和技术职务岗位晋升机制只能防止行政人员和技术人员由于错位晋升而陷入彼得原理陷阱，要防止同类岗位内部出现彼得原理陷阱，还必须对不同级别的各个岗位进行工作岗位研究，明确各个岗位的责任，细化各个岗位对具体的诸如管理能力、业务水平、学历等不同能力的要求，并按不同能力所占的权重予以排队。简而言之，就是"按岗设人"。

3.建立岗位培训机制

在这个现代化的社会，技术、管理发展日新月异，新的技术、管理知识每天都在不断更新，即使昨天你是个合格的技术人员、合格的管理者，如果不加强学习的话，今天，你就有可能落伍。

如今，企业的岗位培训已经变得越发重要。国内外的知名企业，都非常重视企业的岗位培训，且大都建有自己的专门岗位培训机构，如著名的摩托罗拉大学、惠普商学院，内如海尔大学等等。

4.实行宽带薪酬体系

所谓宽带薪酬，就是在拉大同等级的员工的薪酬的同时，缩小不同等级员工之间的薪酬差异，实行薪酬扁平化，以及按劳取酬、按效益取酬制度，改变以前企业的那种按职称、按工作岗位拿工资的现状。如果某一个基层工作人员干得好，他可以拿到甚至是在职称或者是职务上高他几个等级的员工的薪酬；相反，如果某一个高层员工干得不好的话，他甚至有可能拿到全企业的最低工资。

设立薪酬体系的好处是显而易见的，它可以激励各个层次的员工全身心地投入到自己的本职工作中去，实现"在其位，谋其政"，要不然的话，可能自己月底的收入就会很可怜。

通过这一方式，可以在各个层次的工作岗位中留住有事业心的合格的人才。

【定律链接】神奇的彼得治疗法

如果你仔细审视世界，会发现很多东西都是成对出现的，如好与坏、左与右、对与错等等。事实上，虽然彼得原理无处不在，但庆幸的是，彼得也给我们献出了他的彼得治疗法：

1.彼得宽慰法

就层级组织学的观点而言，宽慰法是应用中立的法则，借以抑制到达不胜任阶层所导致的不良后果。彼得宽慰法的做法是以意念代替行动，即要从内心认同1盎司的意念值1磅的行动。

现在，让我们看看彼德宽慰法如何应用于更广的范围：不胜任的员工以高谈工作的神圣来取代努力争取晋升；不胜任的教育人员放弃正常教学，而一味赞扬教育的价值；不胜任的画家会促进所谓的艺术鉴赏；不胜任的太空人会撰写科幻小说；而性无能的男人则把精力花在创作情诗上。

所有这些彼德宽慰法的实行者也许没有多大贡献，但至少他们也没有造成任何伤害。同时，他们也不会干扰各行各业胜任者的正常活动。总之，彼德宽慰法可以防止职业性的瘫痪。

2.彼得舒缓法

尽管人类还没有全部到达整体生存不胜任的程度，但如前所述，确实有许多人已到达不能胜任的阶层，并迅速和这个与时俱进的世界拉开了距离。

一些舒缓的方法使他们能活得更快乐、更舒服一些。例如，员工可以用其他的工作取代本身职务上应做的工作，并将它做得十分圆满。这种替代技巧，使得员工置身于他所谓的"快乐大家庭"里。

3. 彼得预防法

根据层级组织学的观点，所谓预防是在晋升极限并发症出现前或层级组织退化尚未开始前，应先采取预防的措施。

我们不妨考虑应用"创造性的不胜任"来解决人类生存不胜任的大问题。在生命旅途中，我们用不着放弃晋升，但是我们可以审慎创造一些不相干的不胜任，从而防止我们获得某种不适宜的晋升。

4. 彼得药方

彼得药方的真正疗效就是人们积蓄许多的时间、创造力以及工作热忱，将其运用到有建设性的工作上。

例如，我们可以在大都市发展安全、舒适、高效率的快捷系统，我们可以开发不会污染空气的电能（例如发电厂可利用无烟燃烧器来燃烧垃圾并产生电能）。这样，我们便能促进人体健康、美化环境，并使美丽的风景区有更好的景观。我们也可以提高汽车的质量和安全性，并使高速公路、一般公路、街道等的景观更美，于是，人们在旅行时便能像以前一样安全、快乐。

为数量而追求数量无法使人类获得最大的满足，人们只有通过改善生活质量才能得到真正的满足。

帕金森定律：组织机构的死敌

组织机构也会患上帕金森症

众所周知，医学界有一种病叫帕金森，病人的主要症状表现为四肢颤动、肌肉僵直和身体运动的迟缓。其实，一个组织机构，如果领导不善，也会患上帕金森症，从而导致机构臃肿、人浮于事。

一个不称职的领导者，可能有3条出路：

一是申请退职，把位子让给能干的人；

二是让一位能干的人来协助自己工作；

三是聘用两个水平比自己更低的人当助手。

第一条路是万万走不得的，因为那样会丧失许多权力；第二条路也不能走，因为那个能干的人会成为自己的对手；看来只有第三条路可以走了。

于是，两个平庸的助手分担了他的工作，减轻了他的负担。由于助手的平庸，不会对他的权力构成威胁，所以这名领导者从此也就可以高枕无忧了。

两个助手既然无能，他们只能上行下效，再为自己找两个更加无能的助手。

如此类推，就形成了一个机构臃肿、人浮于事、相互扯皮、效率低下的领导体系。

这就是英国历史学家帕金森在其《官场病》（又名《帕金森定律》）中所提出的帕金森定律。

在《帕金森定律》一书中，帕金森还总结了组织机构的可怕顽症：

1. 工作越少，下属越多

有一则寓言，如需要一个人判断航空照片，长官往往命令一个二等兵去担任这份工作。两天后，他开始抱怨了，说照片是那么多，他需要两名助手协助；而且为了对助手有指挥权，他自己应该升为一等兵。他的长官非常体谅人，答应了他的要求。之后不久，他的下属依样学样也需要助手。于是，在3年内，他拥有了一个85人的小组，而且自己也步步高升，成为中校。然而，他自己从来就没有判断过一张航空照片，因为他忙于搞行政事务去了。

2. 姗姗来迟，匆匆离去

鸡尾酒会是现代任何会议所不能缺少的一个玩意儿。帕金森定律告诉你如何识辨酒会上的重要人物。这些人总是在他们认为对自己最有利的时间才姗姗入场。他们不愿意在人不多的时候入场，也不愿意在其他要人离开后入场。此外，在一个酒会上，要人们会不约而同地走到某一个部位集合，主要的目的是让大家看到自己也出席了。这个目的达到后，这些要人就会争先恐后地溜之大吉。

3. 三流上司，四流下属

在任何一个地方，我们都会发现这样的一种机构：高层人员感到无聊乏味，中层人员忙于钩心斗角，低层人员则觉得灰心丧气和没有动力。他们都懒得主动办事，所以毫无绩效可言。在仔细考虑这种可悲的情景后，他们在潜意识里抱着"永远保持第三流"的座右铭。

例如，"我们太过努力是错误的，我们不能与高层比；我们在基层做有意义的工作，配合国家的需要，我们应该问心无愧"。或者"我们不自吹是第一流的。有些人真是无聊，喜欢争强好胜，喜欢自夸他们的工作表现，好像他们是领导一样"。

这些看法说明了什么呢？他们在潜意识里只求低水准，甚至更低的水准也未尝不可。从第二流主管发给第三流职员的指示，只要求最低的目标。他们不要求较高的水准，因为一个有效的组织不是这种主管的能力所能控制的。如此一来，他们构建了一个三流上司、四流下属的组织。

解决帕金森定律症结：公平、公正、公开

不难看出，是权力的危机感产生了可怕的机构人员膨胀的帕金森现象。正如恩格斯所言："自从阶级社会产生以来，人的恶劣的情欲、贪欲和权欲就成为历史发展的杠杆。"

人作为社会性和动物性的复合体，因利而为，是很正常的行为。假设他的既有利益受到威胁，那么本能会告诉他，一定不能丧失这个既得利益。一个既得权力的拥有者，假如存在着权力危机，便不会轻易让出自己的权力，也不会轻易地给自己

树立一个对手。因此，他会选择两个不如自己的人作为助手，这种行为，无可厚非。

帕金森在书中举过这样一个例子：

假设有一个私营企业主，公司的产权全部属于企业主所有。随着企业规模的不断扩大，企业主在管理上感到力不从心了，他需要有人来协助他。于是企业主在各种媒体上刊登了征聘广告，应征的人络绎不绝。假设其中有一个非常优秀的人才，这个私营企业主会不会聘任他呢？

这个老板可能会想：公司的土地是我的，所有产权都是我的，这就意味着这个人来我这里是"无产阶级"，他纯粹是为我打工，干得好我可以继续留他，给他很高的待遇，干得不好我可以辞退他，无论他如何出色和卖力地工作，他都不可能坐我的位置，老板永远是我。

一番盘算以后，这个高智商、高素质、高能力的人才就被留下来，老板对之大胆使用，可以说是完全不受帕金森定律的影响。这是一个拥有绝对权力的人的做法。接着，这个企业继续发展，业务范围扩大了，新的问题层出不穷，当初的优秀人才现在也有些力不从心，也需要助手协助他。于是他也在各种媒体上刊登征聘广告，同样会有各种人才络绎不绝地涌来。

假设最后要在两个人中选择：一个是某名牌大学的公共管理专业刚刚毕业的研究生，写了很多的文章，理论功底极为深厚，实践经验却非常匮乏；另一个人则颇有实干家的手腕和魄力，拥有先进的管理观念和操作经验。老板拿不定主意，叫他选择，这时候他就盘算开了，最后，他多半会选择那个刚出校门的研究生——因为这让他感到安全。

由此可见，要想解决"帕金森定律"的症结，就必须要建造一个公平、公正、公开的用人机制，不受人为因素的干扰，不要将用人权放在一个被招聘者的直接上司手里。同时，实现这一用人机制，需要遵循三条原则：一是公平竞争，任人唯贤；

二是职适其能，人尽其才；三是合理流动，动态管理。

【定律链接】帕金森定律发生作用的条件

众所周知，所谓定律，都是对事物发展的客观规律的阐释，而规律总是在一定条件下起作用的。

那么，"帕金森定律"发生作用的条件有哪些呢？

第一，必须要有一个团体，这个团体必须有其内部运作的活动方式，其中管理占据一定的位置。这样的团体很多，大的包括各种行政部门，小的可能只有一个老板和一个雇员。

第二，寻找助手的领导者本身不具有权力的垄断性，对他而言，权力可能会因为做错某事或者其他的原因而轻易丧失。

第三，这位"领导者"对他的工作来说是不称职的，如果称职就不必寻找助手。

这3个条件缺一不可，缺少任何一项，就意味着"帕金森定律"会失灵。

可见，只有在一个权力非垄断的二流领导管理的团体中，"帕金森定律"才起作用。

在一个没有管理职能的团体——比如兴趣小组之类，就不存在"帕金森定律"描述的可怕顽症；一个拥有绝对权力的人，他不害怕别人攫取权力，也不会去找比他还平庸的人做助手；一个能够胜任自己工作的人，也没有必要找一个助手。

酒与污水定律：莫让"害群之马"影响团队发展

不容忽视的"害群之马"

一次管理培训课堂上，当着所有学员的面，讲师把一匙酒倒进一桶污水中。然后问大家："这桶水如何？"大家异口同声地答道："这是污水。"接着，讲师又把一匙污水倒进一桶酒中，问大家："这桶水如何？"大家毫不犹豫地回答说："这仍然是一桶污水。"

这就是著名的酒与污水定律。它告诉我们，一个正直能干的人进入一个混乱的部门可能会被吞没，而一个无德无才者能很快将一个高效的部门变成一盘散沙。组织系统往往是脆弱的，是建立在相互理解、妥协和容忍的基础上的，它很容易被侵害、被毒化。破坏者能力非凡的另一个重要原因在于，破坏总比建设容易。

在金融危机期间，一家香港公司为了节省资源，选定了一个时间安排所有工人到内地工厂上班。公司规定，每天早上8：30全体员工统一在罗湖关口集合，然后大家一起乘车去内地工厂。

起初，大家都很准时，按照规定时间集合、乘车、上班。但有一天，公司加入了一位新员工，他的时间观念很弱，几乎每天都不能按时到罗湖关口的集合地点，领导一问他，不是说过关人多，就是说下雨堵车，每次都有诸多借口。领导考虑他是新员工，每次都只是随口警告两句，并没有实质性的惩罚。大家都共睹了那个习惯迟到的员工并没有受到公司的什么惩罚，于是，有些平日从没有迟到过的工人也慢慢加入了迟到的行列。

结果，公司的业绩不断下滑，最终被淹没在疯狂的金融风暴里。

与之类似，几乎在任何组织里，都存在几个难以管理的人物，他们存在的目的似乎就是为了把事情搞糟。他们到处搬弄是非，传播流言，破坏组织内部的和谐。最糟糕的是，他们像果箱里的烂苹果，如果你不及时处理，它会迅速传染，把果箱里其他苹果也弄烂，"烂苹果"的可怕之处在于它那惊人的破坏力。

客观地说，企业就是个人的集合体，企业的整体效率取决于其内部每个人的行为，这就要求这个集合体内的每个人都能发挥最大效能，以保持团队的整体步调一致，动作协调。只有这样，才能顺利扬起企业的奋进之帆。

唐代李益有首《百马饮一泉》的诗，讲了一个小故事：有100匹马都在泉边喝水，其中一匹马偏要跑到上游或泉水源头喝水，而且它不是在岸边喝，而是下到了水里搅和。于是，在下游的其他马只能喝浑浊的水。这样的马，也就是我们常说"害群之马"，与前面所讲的组织中的"污水"是一个道理。

正如一个能工巧匠花费时日精心制作的陶瓷器，一头驴子一秒钟就能把它毁坏掉。长此以往，即使拥有再多的能工巧匠，也不会有多少像样的工作成果。延伸到一个组织里，一旦存在这样一头具有破坏性的驴子，即使拥有再多的专家良才，也不会出多少非凡业绩。

所以，对于一个领导者来说，想要让团队得以生存，并不断良性发展下去，千万不可小觑或忽视那些蕴藏着无尽危害性的"害群之马"。

及时解雇，对付害群之马的不二之选

虽然我们都知道害群之马对一个组织的危害性极大，破坏组织内部的和谐，阻止企业的发展。然而，在现实中，组织往往又不可避免地出现一些害群之马。

既然如此，那我们该如何应对这些总是出现的害群之马呢？

大卫·阿姆斯壮是阿姆斯壮国际公司的副总裁，他讲述了发生在自己身边的一个小故事：

偶尔，我们会听到一个绝妙的形容或比喻让人心头一震。当我听到"恶性痴呆肿瘤"这个词的时候，我就有这种感觉。下面我来解释一下这一个词是怎么来的，代表什么意义。

当时我正在"讨厌鬼营"倾听某汽车公司一位女士谈论，为什么善待员工不仅是公司的义务，也是重要的生意经。

"我们必须关掉一间工厂，在关掉前60天我们通知了员工这项决定。"她说，"结果我们发现，最后1个月的生产率反而提高了。这说明如果公司善待员工，员工就会回馈。”

康乃狄克某杂货商的小史都先生自听众席上提出一个问题："在公司经历快速成长的时候，怎样才能做到既善待员工又兼顾公司的经营作风呢？”

“你做不到。”这位女士回答，"你不可能一下子找来50个员工，把公司的作风教给他们，然后期望他们个个都会安分守己。没有人能做到这一点。50人当中，总会有四五个害群之马，而且这几个害群之马会带坏其他人。”

这时，苹果电脑的查克马上站起来表示："我们称这种人为'恶性痴呆肿瘤'。在苹果电脑，我们用'恶性痴呆肿瘤'来形容害群之马。因为他们就像癌细胞一样会扩散。最好的解决办法就是把这些肿瘤割除，以免他们的不良行径贻害他人。”

要知道，对于组织中"恶性痴呆肿瘤"式的害群之马，必须及时切除，否则"肿瘤"一旦扩散，整个组织都会受到严重影响，甚至垮掉。

或许你认为，对任何公司和老板来说，开除或解雇员工，总是一件令人不快的事，因为这或多或少地反映了公司存在着某些缺陷或不足之处。但是，如果解雇的是一个存在一天就会对公司为害无穷的"捣乱分子"，就应该当机立断，否则一旦他阴谋得逞，公司将后患无穷，也只有这样，你才能彻底排除纵容下属、姑息养奸的可能。

黄帝时，大隗是一个很有治国才能的人，黄帝听说后就带领着方明、昌寓、张若等6人前去拜访。不料，7个人在途中迷了路，见旁边有一位牧马童子，就问他知不知道具茨山在哪里，牧童说："知道。"又问他知不知道有一个叫大隗的人，牧童又说："知道。"还把大隗的情况都告诉了他们。黄帝见这牧童年纪虽小却出语不凡，又问："你懂得治理天下的道理吗？"牧童说："治理天下跟我牧马的道理一样，唯去其害马者而已！”

黄帝出访归来，晚上梦见一人手执千钧之弩，驱赶上万只羊放牧。黄帝突然醒悟到那个牧童应该就是一位难得的人才，于是就回去找牧童，培养后授其官位，使之辅佐治国。

司马迁曾说："黄帝举风后、力牧、常先、大鸿以治民。"其中的力牧，就是那位懂得去除害群之马的牧童。

可见，古往今来，任何一位称职的、杰出的领导，都懂得如何对付手下的害群之马，即及时解雇。